初小轨——— 著

你是
人间小可爱

北京联合出版公司
Beijing United Publishing Co.,Ltd.

图书在版编目（CIP）数据

你是人间小可爱 / 初小轨著 . — 北京：北京联合出版公司，2022.4

ISBN 978-7-5596-5957-6

Ⅰ . ①你… Ⅱ . ①初… Ⅲ . ①成功心理—通俗读物 Ⅳ . ① B848.4-49

中国版本图书馆 CIP 数据核字（2022）第 023796 号

你是人间小可爱

作　　者：初小轨
出 品 人：赵红仕
责任编辑：徐　樟
产品经理：韩成建

北京联合出版公司出版
（北京市西城区德外大街 83 号楼 9 层　100088）
北京美图印务有限公司印刷　新华书店经销
字数 150 千字　880 毫米 × 1230 毫米　1/32　9 印张
2022 年 4 月第 1 版　2022 年 4 月第 1 次印刷
ISBN 978-7-5596-5957-6
定价：45.00 元

目 录 CONTENTS

01
不被浪费的人生

02
生活好玩，人间值得

03
我站在街角处，不等任何人

04
今天一定要过好，因为明天会更老

05
生命的每一天都是奇迹

06
过平凡的生活，和不刻意的人生

—

不被浪费的人生

单身的时候要努力挣钱

01

我已然为王大丫找对象的事操碎了心。

王大丫20岁那年，我就认识了她，那天她一个人在地下通道逛街摊，相中了一条48块钱的裙子，她抹了抹刚啃过大鸡排的油爪子，说："28，不能再多。"

摊位大姐怒目圆睁地说："拿着拿着，就当送你一条。"

王大丫那一瞬间一下就恍惚了，以她浅薄的江湖经验，她当即断定自己这次又没攥干净，但自己讲的价，含着泪也要掏钱带走，不然大姐怕是要砍人。

但她又隐隐有点不太甘心，正在两难之时，她接到了我的电话。

她激动万分地"喂喂喂"，疯狂地往出口跑去，徒留给大姐一个身不由己的无情背影，我耳膜都被她震破了，但她还是在表演"信号不好"的戏码，就在我即将结束这段活受罪的招聘体验时，王大丫甜甜地说了一声"多谢姐姐救命之恩"。

王大丫为新工作租了一处房子，周末说请我去暖房。

我说："人家买房才暖房。"

王大丫说："租房更得暖暖，不然一个人睡怪凄凉。"

我就是在那一刻，得知了王大丫是个单身姑娘的实锤。

那天我主要见证了一些琐碎又罕见的事情，比如女孩子飞檐走壁安窗帘，比如女孩子徒手背起大衣柜，比如女孩子一口气干完两大碗饭还瘦如竹竿。

我当时对她强硬的独立生活能力大加赞赏，并非常自信地告诉王大丫，谁娶了她，那真是八辈子偷来的福气。

王大丫淡淡地说："应该是'修'，修来的福气。"

我说："我故意用的'偷'，因为讨媳妇这事儿，就得靠无所不用其极的主动才行。"

王大丫点点头，干了半斤白牛二，然后唱了一首《感恩的心》，以报答我的赏识之心。

只是，令我和王大丫都大吃一惊的是，王大丫竟不辞劳苦地用了十年的时间将单身这件事坚持了下来。

前几天，看到热搜榜上一条新闻，说我国单身成年人口2.4亿人，然后我激动不已地赶紧把新闻链接扔给了王大丫。

本来，我是想安慰她，茫茫人海，还是有上亿的缘分等着她的，不要对爱情失望。

结果王大丫的反应竟然是，第一时间把链接转发给了她的母上，然后用极其轻松地语气告诉我："看到这么多人都单身，那我就放心了。"

我？

02

王大丫也不是缺乏追求者。

但最令人诧异的是，她竟然连试试都懒得试。

我说：“谈恋爱这件事，没谁能幸运到一次成功的，就还是要带着真诚去学习。”

王大丫摆摆手，说：“你不懂，我看他第一眼，就知道他从头到脚就没一处长成了能跟我白头偕老的样儿。”

我大为震惊，虔诚地求教：“那么能跟你白头偕老的样儿，是啥样儿？”

王大丫起初有点不好意思，故意推辞，说：“不好说。”

我“拍”了“拍”王大丫，明示她，但说无妨。

王大丫说：“前段时间啊，我看了一个电视剧《下一站是幸福》，你看了没有？”

我说：“看了一点。”

王大丫说：“嗯，那你看了就应该懂了。”

聪慧如我，当然懂了。

王大丫心目中能跟自己白头偕老的男子模板，是长成宋威龙在电视剧里那样的，又奶又欲，会撩又会照顾小姐姐。

我突然明白了一个人间真相。

就是好多女孩子单身至今的原因是，**女生其实比男生还看脸，但她又不好意思直接说！**

怕什么！说出来啊！

你就是想和帅哥谈恋爱！

反正你也得不到，还不能过过嘴瘾了？

以后这种姐弟恋的花痴电视剧还是少沾点吧，花痴一时爽，一直花痴的话……

你的问题会从找不到合适的对象直接发展成找不到合适的暗恋对象的！

03

多数时候，王大丫对于自己的单身生活保持着一颗极其波澜不惊的心。

就是往家里去的每周一话节目结束后的那么五六分钟，她也会萌生出想尝尝爱情的苦头的想法。

可是尝试一次，王大丫就感慨，我以为自己走进了哥哥的心房，万万没想到是掉入了哥哥的池塘啊。

经历过几次还没开始就结束的刺激后，王大丫宣布自己掌握了一些爱情的真理。

搞不到的人，就永远搞不到了。

往死里忙能解决90%的烦恼，包括找对象。

单身的时候要努力挣钱，不要在自己综合分数不高的时候去跪舔别人，否则人家不但不感动，还会觉得恶心。

王大丫说："你就原封不动地分享给你的单身粉丝们。这是我寡居多年才悟出来的情场真谛，人没有谈爱情的经验不怕，就怕失去了钻研爱情的精神头。"

鼓掌。

所以，这篇文章，必须要倾情感谢一下王大丫。

感谢她虽然自己多年来处在水深火热之中，却依然保有赤诚善良、温暖人间单身狗的热情。

我也有一句话要送给王大丫们。

你不主动找爱情，爱情一般也懒得主动找你，单身越久，这条铁律就越铁。

把欲望写在脸上，是可以被尊敬的

01

去年年底新书上市的时候，我在筹备一部分签名书，顺道发了个朋友圈儿。

有一位男读者看到了之后，私信我问："轨姐，你的签名书，得卖多少钱？"

我说："35包邮。"

他脱口而出："这么贱的？"

我忍痛按住心口被他扎出来的无辜大窟窿，问他："那你是要打算买我个万把本的，让我见识见识有钱人的富贵气吗？"

他说："嗨嗨，我不是这个意思啊，我是说，你的签名本卖得太便宜了，太不文青了，我前几天加到一个作家的粉丝群里去，她也在卖自己的签名本，但人家卖2000块钱一本起拍，2000块起啊，啧啧。"

我一下来了兴致，问他："那你买了吗？"

他说："没有啊，那么贵，傻子才买。"

“那最后有‘傻子’出手了没有？”

“你别说，还真有这样的大傻子，5000块钱买走了一本，那作家一高兴，额外送了那个大傻子一幅字。”

他顺道把群里贴出来的那幅字截图发给我看，不忘趁机刺探我：“轨姐，你觉得就这字儿值这老些钱吗？还没我爷爷写得好呢，这个女作家是不有点太自恃清高了？”

我说：“值不值这些钱还真不好说，但有一点是确定的。”

当你假惺惺喜欢一个人的时候，她的清高在你眼里通通都是假清高。

02

这个结论，在感情上，也是适用的。

一位叫慕容铁蛋的男性朋友，偶然在地铁站站台的人流中被一道光芒刺中，他定睛一看，这不是一道光，这是一个身姿绰约、妩媚中透着几分邪气的女人。

慕容铁蛋唯恐这是人生中机不可失时不再来的渺茫机缘，于是转而放弃了去公司打卡的执念，三秒冲到了真命天女的身边。

一个劲儿地往人家胸前瞄了又瞄，真命天女也不瞎，更不是头一天遇到这种见着人家香就要馋人家身子的猥琐男，白了他一眼，左挤右挤找了个离慕容铁蛋远远的角落安定了下来。

没承想，猥琐男也左挤右挤，又挤到了真命天女的身边，眼神又在往她胸前瞟了又瞟。

这也太撮火了，真命天女紧了紧衣领，警告道："看什么看，再看把你眼珠子挖下来喂野猪。"

"你项链牌牌反了。"哇，女生竟然主动跟我说话了，我要把握机会。

真命天女低头看了一下项链吊坠，摆摆正，不太好意思地说了声谢谢。

此后半年，慕容铁蛋展开了使命般地跪舔，卑微却志在必得地在真命天女那打卡早安、午安、晚安。

谁知道真命天女并没有为他这廉价的毅力所动容，而是要么直接不回复，要么直接客气回绝对方的约会邀请。

半年之后，慕容铁蛋在朋友圈宣告放弃错误的执念，发了一条这样的朋友圈："有些女生很好笑，没有公主命却天天在做公主梦，不尊重别人的付出，没有家教，不懂礼貌，脾气烂还假清高，这种女生配不上我的爱。"

真命天女刷圈看到后立刻黑人问号脸，感觉像是被人喂了一嘴屎。

看着像段子不？

很遗憾，这段子是真的，而且是真命天女跟我讲的上述故事，真命天女说，自始至终自己也从没跟他出去看过一场电影吃过一次饭，慕容铁蛋往她单位楼下送过一瓶优酸乳，她也没敢下楼拿，她自认为没给对方任何幻想的余地，也从未借着对方对自己的喜欢占过对方分毫的便宜，他凭什么公然这么说她啊？

当时我就对她说了那句话，当有人假惺惺喜欢你的时候，你的清高通通都是假清高，你的可爱统统都是装可爱。

套路常见又直观。

驾驭不了，就说你脾气烂。

追不到手，就到处说你假清高。

得不到你，就凭着一张嘴说你是不知道自己几斤几两的烂货一个。

人家姑娘长相姣好，穿衣有品，独立自爱，不滥情，不纵爱，假在哪儿又烂在哪儿？

对有些人来说，承认自己眼光不错是一件很难的事情。

他们忘记了最初刺到自己神经的那一道天光，他们忘记了惊鸿一瞥便沦陷的宿命心动。

他们只是笃定一种狭隘而自卑的道理，若不能把光芒关进屋子，逢人就说光芒从未来过。

03

同样说回来，不是每一种清高，都能理所当然地收获尊重。

有些清高来得就是有些莫名其妙。

一个画画的哥们儿，离异后带着两个孩子租住在一个村子里，阳光被满院子的野草遮在了半空中，每个房间里都堆满了七七八八的画具和杂碎，旧家具摞到了天棚顶，一个大老爷们儿，本来生活就拮据，还带着俩孩子，日子过得就愈发紧张，没钱给孩子交学费，就把孩子撒在院子里疯跑，美其名曰自然生长。

有个老大哥去他家看到了这种情况，觉得心酸，好歹同学一场，混成这般田地，于是指着几件物品说，自己喜欢收集老家具，能否把这几样东西一起卖给他，连同墙上的一幅画。

这哥们儿捋了捋下巴上打了结的山羊胡，一本正经地说："你如果都要了，这些家具白送你，至于我的画，一分钱就都不能少，总共10万块钱吧。"

老大哥当即震惊了，因为全部的东西，不过是两把掉了横梁的破木头椅子，一把露出焦黄烂棉絮的破沙发和0.5m×1m的一幅画。

"那我少要几样吧。"狮子大开口的要价明显远远高出了他的预期，老大哥本来就想在不伤及画家尊严的情况下力所能及地帮衬他一把。

但画家可不认为这是在帮衬自己，就说："本来家具就是送你的，主要是我的画值钱，里边有很多精巧的构思，花了我很多创意和时间在里边。"

老大哥迟疑了一下，他知道画家之前带着作品去参加过很多大奖评选最后都落空了，收藏上来说，暂时也没什么价值可讲，只能十分不好意思地问：“能不能便宜一些？”

画家拍案而起，猩红着眼睛要往外送客，还嚷嚷着艺术是无价的，说人家侮辱了他的作品。

被画家轰出来之后，这人终于松了口气，因为画家的画并不是他欣赏的类型，架在脖子上的刀，总算卸下来了。

老大哥后来跟我提起这事儿来，哭笑不得，说：“明明是去帮忙的，结果落个这种下场。”

我说：“你俩在这件事情的处理上都有问题。他的问题在于，完全不知道，**清高是需要资本的，没有资本的清高注定会惹来嘲笑**。你的问题在于，**不该跟言行不一的人谈钱谈得这么不纯粹**。”

04

前几天，看到有人在冷嘲罗永浩的微博也开始接广告了，然后罗永浩自己是这么说的。

感谢理解，但是确实没接广告，只是帮朋友转发一些好东西而已。不接广告也不是清高，主要是嫌钱少，还有就是对东西太挑剔。

不接广告，不是因为看不起钱，而是因为嫌钱少；不接广告，不是因为没人找，而是找来的甲方提供的产品我都没看上。

你看，老罗还是老罗。

受人尊重的清高，就是要言行一致。

喜欢钱，就赤裸裸地去表达喜欢。

看不上，就敞敞亮亮地去diss（网络热词，表示鄙视）。

都不丢人。

嘴巴上说着讨厌，手心却在朝上讨要，这种言行不一的假清高病，才丢人。

谁说文艺青年就该视金钱如粪土，那是一些见不得你好的人给你预先上好的脖套，就等着你自己把脖子伸过来了。

他们赞美书香与风骨，并不是真的在赞美书香与风骨，他们赞美的是，呵，看你这副穷酸德行，还整这老些没用的幺蛾子。

假清高最划不来。

你一直活在矛盾里，明明想要的很多，却不敢直面世俗的欲望，只会过度关注自己的鸡毛蒜皮，随时会敏感地四处捕捉别人是不是在看不起自己。被人识破后，到头来还是得被人看不起。

倒不如直面一切，把欲望写在脸上，笃定内心认为正确的选择，有没有别人支持无所谓，始终都能心无旁骛地安然做自己，你反倒可以被尊敬。

学会自我修复，才能走出羊群

01

前几天，跟几个朋友一起在古城里溜达。

一个脸上擦着粉嘴上抹了油穿得衣袂飘飘的小哥哥从我们身边擦过去，左手拿着自拍杆边走边直播，右手还牵着一条雪白雪白的小比熊。

朋友用肘部戳了我一下，眼神里流露出来一丝微妙。

我当然知道她什么意思——姐妹们，快来看这惹眼的娘炮小哥哥呀。

还没来得及看清楚小哥哥的容颜，就被前方传来的狗狗的嘶吼声吓得差点一脚退进水沟里去。

因为直播小哥哥离我们不远，所以得以看清楚了这场人狗大战的前因后果。

一个空手遛泰迪的小姐姐，连踹带骂地上去要跟小哥哥的比熊干仗。

原因是，她的泰迪突然对这只比熊兽性大发，不管人家愿不愿意，也不管人家老家哪儿的，追上去就要做一些不可描述之事，这小比熊性子也是烈，呜呜喳喳转身就给了它几下了以示警告，小姐姐一看自己狗狗吃了亏，立马不愿意了。

破口大骂小哥哥的比熊是“疯狗”。

小哥哥正在直播呢，一下出了这种状况有点“愣”，但直播也未因此中断，只是停下来看了看被小姐姐护在脚边的“无辜肇事者”，又看了看自己的狗狗，便弱弱地说了一句：“我的狗狗拴着遛狗绳的，你家狗狗没拴绳，自己跑过来滋事，不好叫我们‘疯狗’吧。”

小姐姐一听火更大了，一脸鄙夷地看了看小哥哥的装扮，冷笑道：“不是疯狗干什么乱咬，我看就是跟狗主人一个德行。”

小哥哥没再说话，扔下一句“这倒是”，抱起狗狗来就走了。

留下的小姐姐故意吊着大嗓门在路边一边摸狗头一边喊：“来，宝宝，让姐姐看看伤着哪儿了没有……”

朋友看到这一幕，失神地咬了一口麻辣烤面筋，惊得脸都绿了：“自己不拴狗，自己家的狗主动招惹别人，反过头来还骂别人疯狗，明摆着这女的就不占理的事儿，这男的却连句话都不敢说，这也太弱了吧，这都敢直播进去，不怕脱粉啊？”

我笑：“不但脱不了粉，反而能圈粉，我现在就路转粉他。”

朋友拿眼神哝我，鄙视我一句话掰成两半说。

我赶紧乐着解释，旁观者一眼都能看出来理儿在哪边，还用得着他脸红脖子粗地跟这种人掰扯。

就算他掰扯了，也掰扯不赢。

有一类人，就是有一种一秒气死道理的本事。

你说他没拴狗，他说我看你长得像条狗。

你说他买票怎么不排队啊，他说你算老几啊，长得跟排队似的。

你说他随地吐痰不好吧，他说瞅你长个熊样吧，跟坨粑粑似的，还管闲事。

你看，这类人的逻辑是什么呢?

他不会告诉你自己为什么遛狗不拴绳，也不告诉你自己为什么插队，更不会说自己为啥随地大小便，他永远不会顺着你抛出的问题走，你敢惹他，他就人身攻击你。

所以，**聪明的人，从不会跟这种时刻准备拉低你的垃圾人讲道理**。

远离他们，别让他们沾脏你，就是最聪明的反击。

02

有个学妹，毕业之前，给我后台发了一封私信，助理看到是我同学校的孩子，就问我要不要直接加微信聊聊。

我通过她好友申请后，她给我讲了一件很让她疑惑的事儿。

她同寝室的几个室友，考研结束后商量着一起留在学校所在的城市找份工作等成绩，于是几个姑娘一起在市中心短期合租了一套房子，从各自手里的offer（指录用信）挑了一份比较可以的工作，就去上班了。

都是刚走上社会的孩子，出门在外大家格外珍惜彼此大学时候的情谊，下班后一起吐槽新上司、一块儿做半生不熟的饭，临睡前跟寝室生活一样挤在客厅里唱唱歌，日子过得特别美。

但等考研成绩出来后，有的晋级，有的差了一大截直接放弃。

最终留在这个出租屋里的，就剩下两个考研失败准备顺势正常工作的女孩，加上一个情况有点特殊的她。

她之所以情况特殊，是因为她考的是英国的一所学校，笔试差了两分。

她很懊恼，恨自己哪里不能努努力，把这两分挤出来。

哭了一晚，另外两个女孩一直在安慰她，甚至连晚饭都是给她端到床边吃的。

第二天一早，她向两个合租的小姐妹宣布了自己一个大胆的决定，她要给英国学校那边写信，试着申请给自己一次加试，因为两分之差，再等一年，或者直接放弃参加工作，她实在有点不甘心。

那两个考研失利的同学听到她这个决定，第一反应就是阻拦。

因为，按照她们对于分数的理解，无论是高考、考研还是考博，分数都是死的，差半分都该认命，不可能有半点回旋的余地。

可她还是不甘心，就说："反正写封信也花不了多少时间，我想试试。"

从那句话开始，空气便如冰碴子般地刺骨，仿佛眨眨眼睛，都能听到冰凌在叮叮当当地响动。

那天是个周末，她写完信后点了发送，想要跟两个同学一起出去吃，却发现她们不知道什么时候，已经出去了，没跟她打招呼，微信上连句话都没留下。

只是一个微小的“疏忽”，她便知道有一些说不清的东西在发生着微妙的改变——在这之前，她们从未发生过这样的“疏忽”。

一周后，她收到了加试申请通过的回信，整个人简直高兴坏了，她本来只是不甘心，只是想试试，没想到学校真给了自己这样一个机会。

于是，当天下午，她在三个人的小群里分享了好消息，并开开心心要请大家一起吃饭庆祝一下来之不易的加试机会。

但微信群里好长时间都没有任何回应。

临近下午6点钟，两个女生先后回复了自己有事不能参加聚餐的消息。

她安慰自己一定是巧合，一定是她俩真的有别的重要的事，直到她晚上回去看到了她们两个一起带着一个人来家里看房子。

相处了4年的同寝室好朋友，得知自己赢得加试机会的第一反应，不是祝贺，而是马上找了租客来填补自己未来可能会空出来的房间。

她那一刻就知道，自己必须抓住这次机会，一击即中，一走了之，否则大家都尴尬。

直到她启程去英国读书的前一周，什么都准备好了，只有这一件事过不去，便小心翼翼地来问我。

她最困惑的，不是恶人对她的恶意。

她知道这个世界并非都是纯良之辈。

她困惑的是，原先待她情同姐妹的好朋友，为什么在自己走上另一种人生前路的时候，立刻就变得让人鄙夷与抗拒。

我刚好在上个月重读了一遍毛姆的《月亮与六便士》。

便把其中一段话分享给了她：

“那时，我还没有懂得人性是如何的矛盾，我不知道真诚中有多少做作，高贵中有多少卑鄙，或者，邪恶中有多少善良。如今我是充分懂得了，小气与大方、怨怼与仁慈、憎恨与热爱，是可以并存于同一颗心中的。”

现实如此。

有时候，那些拼命拉着我们留在舒适区的，那些拼命拉住我们不管我们前路星光的，并不是机关算尽的敌人，而是同甘共苦过的朋友。

人性是复杂的，是拘泥于个体感受的。

你想的是海阔天空，她想的是抱团取暖，大家都不觉得自己有错。

过去的真挚是真。

如今的疏离也是真。

若不能一起走下去，便与昔日朋友道一声珍重，好好上路期待下一次相逢。

03

曾国藩说：“人初做事，如鸡伏卵，不舍而生气渐充；如燕营巢，不息而结构渐牢；如滋培之木，不见其长，有时而大；如有本之泉，不舍昼夜，盈科而后进，放乎四海。”

我们这一生，若想成为放之四海的人，便会遇到四海内的牛鬼蛇神。

无论是陌生的恶意，还是熟悉的疏离，都是一场又一场没有血腥的杀戮。

看似不是什么惊涛骇浪的大事，但会一次又一次地让自己陷入无边的孤寂与怀疑中去。

只有不舍昼夜地让自己成为那个可以放之四海都能活得好的人，你才能释然人性里的复杂，看淡陌路人的丑陋戏码。

只有学会自我修复，才能走出羊群，去看到真正的高原山麓。

就算没有人叫好，也要活得漂亮

01

前几天，朋友筹备新餐厅开业，向我咨询是否有可靠又对口的设计师推荐做一套设计，我一下想到了前段时间辞职后自己张罗着做个人设计工作室的大坤。

为了方便快速帮双方做意向确认，我赶紧翻大坤的朋友圈，寻思着把他之前发出来的个人工作室简介找出来发给朋友先大致考量一下水准。

只是这一翻才发现，大坤的朋友圈已经有一个月没有任何动态了。

对，他设置的不是三天可见，而是仅一个月可见。

三天可见我常常不奇怪，因为我自己就是常常三四天也不会更一次朋友圈的人。

但对于一个月以上没有任何动态更新的朋友来说，说实话，我是略略有些担心的。

一来，我跟大坤只有业务上的往来，而且合作了几次双方都很愉快，没留过疙瘩。

二来，我们从未干涉过彼此的私生活，都是在各自的边界内有条不紊地往来，真正是没事儿不打扰，有事就联系的极简交际模式。

我之所以在朋友要我推荐设计师的时候，第一时间想到要推荐他，是因为大概在一个月之前，他在朋友圈宣告了自己离职并打算自己做的消息后，频繁地在深夜里分享一些设计相关的东西。

可能是生活模式转换后的积极。

但不排除也有自己对前路不确定的焦虑。

所以，当对口需求出现的时候，我很乐意给他牵个活，举手之劳而已，毕竟他水平确实不赖，介绍给朋友，双方都合适。

可一个疯狂在朋友圈更新状态后马上销声匿迹的人，他到底经历了什么才会出现这样大的反差呢？

那些更长时间不更新朋友圈的人，他们是在好好生活还是经历了难以对外人说的低谷期呢？

他们过得还好吗？

是什么让他们关闭了表达的欲望？

他们找到了更好的平台去安放自己的情绪与日常分享的心情了吗？

02

如果连“朋友圈自由”都没有，我宁可不要朋友圈。

犹豫了一下，我还是决定给大坤去一个电话。

活儿接不接次要，关键是确认一下人还好好的就行。

大坤接到我电话明显惊了一下，以为我遇到什么难事要找他来求助，弄明白我是怕他出事后，他嘿嘿一笑，赶紧客客气气地说没事。

然而你知道，很多成年人，都是刚在人前说完没事就把自己从楼顶上扔下去的。

见我还是将信将疑，大坤就给我讲了件事。

一个多月前的某个凌晨，1点多的样子，他像日常一样在朋友圈分享了一位设计大师的作品链接，结果前老板的私信就又杀了进来。

对，是“又”。

自从他离职后，每天朋友圈，老板都给他点赞。

一直点得他心里发毛。

有时候还会半夜发消息，关切地问他是不是还没找到工作，如果新工作不好找，就还是回来吧。

大坤一直是前老板设计团队的顶梁柱，一分钱加班费没拿过，不管自己多出了多少力，项目奖金从来都是跟大家平分，有时候还会自己去客户那儿交提案。

大坤就是那种来者不拒的好性子。

连半夜加班，老板都会旁敲侧击地“要求”他发个朋友圈，“激励”一下那些“上班摸鱼”同事的羞愧心。

几年下来，大坤颈椎不好，腰椎不好，哪哪都疼，却没赚到几个钱，时间久了，他也琢磨过来了，老板对他的好，都是口头上的好。

全是哄，没啥实质性的。

一个刚毕业的设计师，平台找对了，到手的钱都是他的2倍多，摸着后背上这一节节的凸出，他突然悲从中来，便找了个借口离职了。

离职后大坤很是兴奋了一阵子，本来喜欢他的客户就多，所以自己做也根本不少挣。

只有一点，让他常常苦闷。

都离职了，感觉朋友圈还在被人监视着。

起初屏蔽了老板和同事，老板还主动来问，他不好意思，又给老板“放”出来了，毕竟虽然没有物质奖励，表面上老板待他还是过得去的。

后来分组发圈，一不小心又遗漏了一个在职同事，他们茶余饭后一聊，聊出来一些信息不对称的内容，于是评论区就跑出来那种皮笑肉不笑的留言，硌硬。

索性下狠手删几个老同事，在朋友圈放飞一下，表明自己的生活观吧。然而亲妈看见了一个电话打进来，要求他赶紧删了这种朋友圈，不然身边的人看到了对他影响不好。

对，为了让爹妈放心，他辞职都没跟家里说。

他感觉，无论自己怎样小心谨慎地斟酌，只要一条朋友圈发了出来，总会戳到谁。

不知道什么时候起，朋友圈不再是一个情绪宣泄的私人避风港，而是变成了一个需要你方方面面都要谨言慎行的天罗地网。

一条朋友圈，编辑的时候，你要考虑到有没有很恰当地体现自己始终如一的人设，要考虑到有没有恶心到谁的品位，要时刻提醒自己设置上谁分组不可见，要考虑有没有不小心影射到谁，还要考虑有没有照顾到谁的情绪，更要考虑到会不会让在乎自己的人误会……

反反复复斟酌下来，不如干脆不发，落个清净。

从失去“朋友圈自由”的那一刻开始，越来越多的人选择了从朋友圈里消失。

03

一条朋友圈，足以毁掉一天的好心情。

很多人都说，我发朋友圈就是为了记录一下生活，不图啥。

但人类的本能总是无法允许我们做到如此怡然自得。

修了1小时的图，选了1小时的片，绞尽脑汁编辑出来的自己很满意的文案。

发出去，涌进来一堆点赞，啊，人间值得。

1个多小时过去了，一个点赞都没有，一条评论都没有，是我手机坏掉了，还是根本没人关心我？

这些心理，不关乎人类的虚荣心。

社交网络就是有社交功能。

有社交，就有所期待。

把心情的起伏放在别人的点赞与评论反馈上，就是特别不安全。

几乎没有人可以完全心平气和地对待别人如何看待自己发的动态这件事上。

状态太开心，总有人较着劲等你跌到谷底的那一天。

状态太沮丧，你又怕被人看了笑话。

你发圈，会带着期待。

你刷圈，也会带着期待。

有期待，就有心情的跌宕起伏。

朋友圈里满满的都是不相关的人，你却妄想指望这帮人能帮你安放一天的好心情？

这些浮于表面的你来我往，除了耗费你的心力，什么也不能帮你带来。

为了找回内心的平静，从停更朋友圈开始，越来越多的人不再从别人那里寻找安全感。

04

放下了求而不得的人，就无须再为谁经营我的朋友圈。

一个女粉丝跟我说，有高人告诉她，一个男人是不是有花心思，就看他有了女朋友后还会不会频繁地发一些跟女朋友无关的状态。还有另外一个高人告诉她，那些不喜欢发圈的男人，城府都很深。

我听完都被她说笑了。

这都什么高人。

发多了，渣男；不发，心机。

这还给不给人活路了？

如果从发朋友圈的频率就能盲目断言一个人的品性，那你永远得不到一个纯粹真诚的人。

常发圈和不发圈，本质上只是生活方式和表达方式上的选择。

现在的人类世界，不管熟不熟，一言不合就是加微信，向不熟的人展示自己的私生活，就是会没有安全感啊。

你在单位里上个班，老板非让全员转发公司的行业信息，你进行无一字分享文字的纯转发时的机械脸，我隔着屏幕都能感到你的孤单。

面对爱而不得的人，你需要经营自己值得被考虑的可爱。

面对关乎你职业生涯与前途命运的人，你需要经营自己可以再往上拔一拔的潜力。

面对全世界对你选择的质疑，你需要经营自己不需要别人瞎操心的霸气。

有需要面对的人，你便活跃地频频更新。

没有了你需要面对的人，你没有了经营朋友圈的欲望。

仅此而已。

村上春树说：“人生而孤独而无法相互理解，所谓交流只不过互相寻求安慰。”

也许有些人就是看透了这些以交流为名的虚假安慰。

他们觉得，无力，无用。所以，他们选择了远离。

有一天，他们发现自己无须向虚拟社交索取安全感的时候，便率先选择了消失在朋友圈。

后来，他们拥有了另一种活法：**就算没有人叫好，也要活得漂亮**。

能自制才能做自己的主人

01

一张床，就是一个黑洞。

回老家的时候，去一个曾经同寝室过的独居女“魔头”（皮白腿细随便绑个马尾都好看的那种）那儿蹭住了一晚。

大周末的，才8点半，她掀了我的被子，举着一杯温热的白开水要我匀速喝完、徐徐咽下。

听听！这还是人话嘛！

我带着起床气接过这杯水来，抱怨道：“大周末的，也不给个好觉睡，下次不来了。”

她嘿嘿一笑，说：“没有不给你睡，你先喝完再睡。”

可等我喝完这杯水，睡意就没有了，一眼看到她摆在餐厅的早餐，五颜六色，看着像是有亮晶晶的蓝莓和加上了爱心蛋的吐司，咖啡杯沿上方，还冒着热腾腾的气，心想反正都被弄醒了，便径直走到餐桌前陪她吃了“元气早餐”。

我故意逗她，问她是不是毕业后一个人的日子过太久了，所以连堕落一下的人性都没有了，你以前不是挺爱懒床的吗？怎么轮到自己住大三居，天大地大没人管了的时候，反倒不知道累了。

她又嘿嘿一笑："你正好说反了，我就是因为知道累，所以才在睡足的时候马上就离着那张床远远的。"

女魔头家境好，刚毕业就住进了家里给她在公司附近买的大三居，刚脱离了多人寝室的时候，她真的是发自肺腑地快活了一阵。

为了每天早上能多睡1分钟，绝对要把早餐时间磨到可吃可不吃；本来悠闲溜达着就能到公司，她一定要拿出把共享单车骑废的劲头去争分夺秒；下班后高跟鞋一甩，外卖一叫，游戏界面一开，飘飘忽忽就到了深夜；衣服摞成山，周末集中扔洗衣机；换下来的衣服随手一扔，加上她又爱打扮，每天衣服不重样，一周就扔满一沙发，还总有几件滑落在地上——那她也懒得捡。

那段日子，她每天都在用"死肥宅"的方式休息，可每天都累得要死。

三个月，10斤肉长在身上，一照镜子，她突然读懂了为啥人类总是不怀好意地去用满脸横肉来形容"死肥宅"。

她吓得扔掉了镜子，因为前一天自己还恬不知耻地托人给自己介绍对象呢，人家回应得稍稍有些不干脆，她还挺生气的：有没有大局观啊，我这么优秀的女孩……

优秀？

她吓坏了，想起来自己以前跟几个姑娘挤在多人寝室，虽然上厕所都要排队，作息不一致都要擦出矛盾来，可大家看到谁到点还懒在床上不起，总是要叫起来一块儿去上课做作业的。

现在呢？

生活舒适感延展到了最大，生活品质却被毁成了渣渣。

她不甘心，又不知道从何下手。

上网看了很多达人写的自律列表，要做的事儿多如牛毛，实在不知道从何下手，特苦恼。

后来她灵机一动，决定从每天早上坚持喝一杯温水开始，改变当下的“死肥宅”日子。

谁知道，这杯水竟如此神奇。

这杯水意味着，被窝里的气息再迷人，你也要起身自己去打开饮水机的开关，因为你独居啊，你指望不上任何人。

等水烧开后，再倒上，直到送到嘴边一口喝完后，你就已经彻底告别了刚才那种除了这张床哪儿也不想去的状态。

很多人总觉得，只有一天干了多少件卓有成效的事儿才配得上说自律。

其实没那么复杂。

一个人的作息和饮食节奏若能管控明白，工作上那点事儿也不会太差。

就像村上春树在《当我谈跑步时，我谈些什么》中写的那样：

“持之以恒，不乱节奏，对于长期作业实在至为重要。一旦节奏得以设定，其余的问题便可以迎刃而解……别人大概怎么都可以搪塞，自己的心灵却无法蒙混过关。”

自律之所以厉害，是因为它率先解决了你心理上的状态问题。

只是，我们常常兴于一张床，也废于一张床。

那张床是躺着耍手机的天堂，那张床是人间不值得的避风港，你如果没办法从生活作息入手破一下局，那你就会被这张黑洞一样的床，吸进积极向上的全部动力。

时间长了，你就是会觉得外边的世界索然无味，人间也没啥值得你变更好的理由。

02

一个人在家，自律都是靠挣扎的。

我其实不咋玩游戏，玩过最溜的游戏既低幼又暴露年龄——植物大战僵尸，所以当看到别人在奋力厮杀的时候，我总会觉得不是他被世界抛弃了，就是我被世界抛弃了，Get（网络热词，意为领悟）不到你的兴奋点，实属是我的遗憾。

梅大佬赶上我不在家的时候，偶尔也会玩玩游戏（没有撒狗粮的意思，我在的时候我们会一起看书，聊文学聊创作聊很多不接地气但我们都如痴如醉的东西），但他玩游戏的流程却令人匪夷所思。

有一天，他感觉工作了一天累到傻，于是想换换脑子，将游戏下载下来。

没错，他的电脑里平常没有任何游戏，想玩的时候，都是现下。

前不久下了一个《江南百景图》，第一天玩到凌晨1点，第二天玩到凌晨2点半，第三天就被他卸载了。

跟我聊起这事儿的时候，我就问他："为啥啊，累的时候解解压不挺好的嘛。"

梅大佬一本正经地跟我说："第三天起床的时候感觉脑壳嗡嗡疼，影响我正常生活节奏的东西，再好玩我也不要，再说了，我把里边的原理都搞明白了，这玩起来基本没个尽头。"

都给我说笑了。

我以前遇到过很多姑娘跟我抱怨男朋友一玩起游戏来就六亲不认了，怎么破？

我说如果是我，我就下一位。

我从不反对人类忙了一天玩玩游戏找找乐子，但对我来说，那些没法在时间管理和精力分配上把控自己的人，在其他事儿上也随时可能把持不住自己。

游戏不是万恶之源，它只是成千上万上瘾性产品的其中之一。

这世间有的是比它还瘾大的诱惑，这么个玩意儿刹不住车，碰上劲儿更大点的，那六亲不认都算是轻的了。

有人总说，你别看我玩游戏，其实我玩了个寂寞。

别扯了。

有没有人陪，有没有人管，那不是每个人命里有的，别傻等着了。更别以此给自己无克制地玩游戏作借口。

再者说了，如果有人陪着陪着你要走，有人管着管着你要够，那你的日子要不要过了？

天天在电脑前颓废着？

那你不是玩了个寂寞，你是实打实地玩了个人生。

一个人独处的时候，越是没了外界的约束，你越是要直面自己的内心。

面对你内心持续涌起的堕落邪念，面对你无人关爱时更不能自暴自弃的尊严。

没谁天生不需要付出什么就能随心所欲地安顿好一切。

狠角色，每天都在挣扎。

挣扎着对抗本能里的得过且过，挣扎着要求自己再精进一点少受点小人给的委屈，挣扎着赶在每个最后期限到来之前守住自己言必出行必果的人格信誉。

03

独处时自律起来很难，是因为你总是渴望中场休息的时候有人站起来给你鼓鼓劲儿。

一提自律，很多人都会想到彭于晏。

为了拍摄《翻滚吧！阿信》，彭于晏严格给自己制订计划，每天的饭菜，是清水煮菜，大段大段的时间拿来做体操练习，他在无数个别人的狂欢夜里，坚持着长达8个月的孤独前行。

姜文说，他是用灵魂指挥自己肉体的人。

窦文涛也说，这自律的人，才叫有自由。你像不自律的人，他其实是被欲望控制的，你想吃吃想睡睡，屈服于肉体。这自律的人，我精神说让躯体起来，它就得起来，让它少吃它就得少吃。这样的人才叫自由。

很多人说减肥是人间第一大难事。

一点不假。

减肥这件事，是最孤独的独处方式。

你瘦下来之前，没人关心你跑了多少公里，没人关心你忍着饿挨到了凌晨几点。

在你瘦得不明显之前，你没办法在中途不想努力的时候，试图从别人的眼中看到自己期待的鼓励和赞许。

因为**没人能看得出来你微小的努力**。

这里边的孤独，深入骨髓，又旷日持久。

所以，真正瘦下来这件事，才够惊艳。

只有你自己知道，你曾经历过多少次肉到嘴边又放下，你曾经历过多少次看到跑废的鞋子一次次偷着嗤笑，你曾经历过别人说差不多的时候你还是坚持一个人一次次看到了海平面上空的日出。

整个过程，像极了独处。

只有少数人熬到了别人眼中的“一夜成名”和“不可思议”。

04

KY（心理学公众号Know Yourself）在一篇文章里说，独居只是提供了一种生活选择，一种让我们拥有更多与自我相处时间的选择，也因此，增加了更多情绪体验和人生探索。

人的情绪飘忽，抽象，起伏不定。

一念天堂，一念地狱。

所以那些在独处时还能做到持续自律的人，是人生舞台上真正的狠角色。

从早上强行喝掉的一杯水开始，从无人要求的情况下卸载一个游戏开始，从执着实践一万小时定律开始，他们就已经注定要活成自己人生路上的大人物。

你的娱乐方式里，藏着你人生的层次

01

有个周末，等朋友的空当赶上雨天，便钻进了路边一家饮品店，一边小坐一边躲雨。

热奶昔刚端到手，门口一下拥进来一帮朝气蓬勃的小男孩，看上去像是高中生的样子。

他们都没打伞，七手八脚抹了抹头发上的水珠，就一下簇拥到一个角落里，整齐划一地掏出手机来，嘴里交流了几句，就开始组队打游戏。

只有一个小男生，往吧台的书架上瞅了瞅，淡淡地从里边抽出一本《国家地理》杂志认认真真地翻看起来。

我见他面前有一摊水，便随手拿出纸巾帮他擦了一下，小男生特不好意思地谢过我。

我乐了，问他："他们玩的游戏，你是不是不会玩？"

没等他回答，旁边一个被"干出局"的小男生用一种酸溜溜的腔调插话："嗨，人家能跟我们一样吗，人家是清华北大的苗子，年级前三啊，就算是周末休息也不舍得歇歇。”

学霸听完更不好意思了，用展开的杂志遮住了自己的脸。

我笑道：“不舍得歇歇的怕是你们，人家歇得可比你们舒坦多了。”

很多时候，人们都喜欢把周末休息理解成通宵游戏、狂刷抖音、深夜买醉，那些平日里没时间做的无休无止，一到休息日就报复性地要去做一做，还要试图把这叫作周末休息。

但凡你体验过这种玩起来就没完没了难以刹车的娱乐方式，你就比谁都知道，什么叫越歇越累。

而那些真正会休息的人，歇完身心放松，随时可以精力充沛地投入下一场战斗。

02

一位在某待遇好到“令人发指”的公司做HR（人力资源）的朋友，曾跟我聊过一个自己的“奇葩嗜好”，就是每次跟面试者相谈甚欢的时候，她都会抛出一个暗戳戳的“终极一问”。

这个“终极一问”，被她包装得几乎人畜无害，甚至听上去有些平庸老套。

但面试者不经意的一答，往往会在残酷的岗位角逐中定生死。

她的“终极一问”是，你不工作的闲暇时间，都喜欢干点什么。

朋友说，大部分面试者喜欢淡淡地一笔带过，说看书、看电影、听音乐、旅行。

但你要兴致勃勃地问他们喜欢哪本书、哪部电影、哪种音乐，对哪个城市有什么自己的理解，他们几乎一个字都说不上来。而这些人，业余时间的处理，往往并不是他们口中的如此这般“健康”。

填完基础信息表后，会议室的座区里，有些人打发碎片时间的方式，是频繁地刷着一个又一个短视频，屏幕里边是疯癫，屏幕外边是旁若无人的傻笑。

叫到他名字的那一瞬间，他反应不过来，一脸茫然地望向四周，不确定刚刚叫的是不是自己，不记得自己倒了三趟地铁两趟公交跑到这个地方是来干什么的。

就像赫胥黎所说：

“人们感到痛苦的不是他们用笑声取代了思考，而是他们不知道自己为什么笑以及为什么不再思考。”

不再思考的人，将逐步丧失长时间专注一件事情的能力。

这位HR朋友对于核心岗位的理解便是，无法合理分配好自己精力的人，甚至很难完整地跟完一个项目。

她所见识过的在行业内有所成就的厉害角色，从来不会盲目地通过凑别人的热闹来打发自己的时间。

不管这种认识是否过于片面，但有一点是确实切中要害的。

近看，一个人的精力分配，能够在一定程度上反映他是否可靠。

远看，一个人长期采用的娱乐方式，将直接决定他人生的层次。

03

尼尔·波兹曼《娱乐至死》里说，**人类无声无息地成为娱乐的附庸，毫无怨言，甚至心甘情愿，其结果是我们成了一个娱乐至死的物种**。

碎片化之所以让越来越多人趋之若鹜，是因为它确实会让人在某一瞬间感觉到舒适。

但我们一旦顺从了这种碎片化的舒适，我们就永远沦为了娱乐的附庸。

你可以对网红的名字张口就来，你可以对流行的段子信手拈来，你能迅速get到热搜榜上任何一个梗，你知道每个明星在哪个节点过气又在哪个节点重生。

你看似学到了很多。

但关掉手机屏幕的那一刻又觉得茫然、空虚，不知身在何处，不知此刻是上午还是下午。

那些无营养又浪费时间的东西，它们丰富，有吸引力，一波未平一波又起。

你抓住了它们，却从未理解过它们。

艾德勒在《如何阅读一本书》中曾指出，**学习指的是理解更多的事情，而不是记住更多的资讯**。

因为你恰恰以“太长不想读”为借口排斥着完整去阅读一本经典书，排斥着看完一部影响到你内心价值观的好电影。

所以，你从未真正理解过什么。

于是你的人生只能停留在人来人往的信息表面，身心俱疲，无力享受发自内心的满足感。

对于吃饭，你说随便。

对于提升，你说不知道从哪儿下手。

对于未来，你从来就没有过规划。

盲目的娱乐方式，将把人导向迷茫堕落、无法深入的表层。

你人生的层次永远停留在人类肉眼可见的地方，而那些渴求从内心出发的娱乐习惯，那些渴求理解，渴求举一反三，渴求有趣一生，渴求撞击精神世界的人，他们纵身一跃，游向了比海更深之处。

在那里，有趣会与有趣相逢。

在那里，思维的火花会发声。

在那里，人与人过上了截然不同的一生。

这世界很好，但你也不差

01

朋友带着她热爱写作的女儿来我家玩。

玩了一会儿后，便变戏法一样从包包里掏出来一个本子，她女儿看到，短暂的惊讶后，马上就像脱了绳的藏獒般扑过去一把把本子抢过来，生气地跟她妈妈吵吵起来。

朋友也觉得委屈："你不是喜欢写作，崇拜小轨姐姐吗？那就把你写的东西拿给姐姐看看写得怎么样，不然你整天自己锁在抽屉里有什么意义。"

女孩猩红着眼睛叫嚣："不要动我东西，就算我烧了也不给人看。"

朋友一听，被撮起一阵怒火，钻厨房就要找扫把跟女儿干架。

我一把拉住她，要她在客厅坐会儿喝点茶，然后径自带着女孩去我的地下书房转了转。

小姑娘一看到我满墙壁的藏书就激动了起来，摸摸这本，翻翻那本，有时候也会回过头来跟我说，小轨姐姐，你家的书房简直太棒了。

看了会儿书，小姑娘情绪平稳了下来，又散发出了少女特有的灵气。她调皮地往楼上客厅看了看，一脸尴尬地主动跟我解释了自己为什么会那么抗拒她妈妈刚才的举动。

因为她上小学三年级的时候，老师让每个同学谈谈人生理想，有的同学想当医生，有的同学想当消防员，这些同学都得到了老师的点头认同。

轮到她，她说想成为一名很厉害的作家。

老师脸上出现了一种难以名状的表情，似乎是要忍住某种情绪，老师没有立即点评，只是要她坐下，但她同桌太机灵了，一下就看出来当时局面是个什么阵仗，趁她恍惚，一下从她桌洞里抽出来一个本子，扬了扬，当众说："这就是大作家的大作了，我给大家读读吧，啊……"

同学们一看她同桌滑稽的样子，哄堂大笑。

她看得仔细，老师也跟着掩面偷笑，笑够了才让大家安静注意纪律的。

她吓得一把抢了回来，当众撕烂了那个本子。

从那以后，她再也没有在学校里随手写过什么东西，想要写东西的时候，就会回到家里在自己房间里"偷"着写一点，写好了，就放进抽屉里锁了。

现在她高一，抽屉里的本子快放不下了，她从来没有给外人看过一个字。

她说，她也不知道自己写得好不好，但就是很喜欢写东西。

她悄悄问我："小轨姐姐，自己写自己的，不给人看到底对不对？"

我说："给不给人看是你的选择，这个不重要。重要的是，**如果我们明明在做正确的事情，就别搞得像是在做贼一样。**"

梦想这种东西之所以珍贵，就是因为照进现实之前的每一秒，都不得不迎着眼泪和嘲笑。

02

我记得毕业之前，学校里做了一次就业评估模拟。

每个人有10分钟，上台陈述一下自己毕业后想做什么，然后给出一些理由说服台下的"评委"，你为什么可以做得到。

而台下的评委其中一个是自己系里的老师，另外两个是从各个系拉过来的客串老师，大家互不认识。

班上有同学说，自己毕业了要做翻译，也有同学说，以后做贸易。

因为都是跟专业相关，所以说这些方向，总不会有跑题之嫌，基本上评估分都在80分往上。

只有我，三份评估报告，有两份只给我打了60来分。

评估原因里写了四个字，不切实际。

因为我在台上说，自己想成为一个有自己菜地的作家，想写的时候就写，不想写的时候就浇浇菜园子。

当时台下的老师听了极为震惊，可能她当时的理解是，这个学生年纪轻轻就打算自暴自弃了吗？种菜写字？能养活自己？这不等于妄想提前养老了嘛。

所以，她质疑我的梦想和专业无关，是一件有点危险的事情。

那天的窗外飘来一片乌云，在风间，在瀚海，在心口。

不切实际，这四个字，我记了很多年，我甚至有一种感觉，那天台下的人都在嘲笑我。

但到后来自己真走上了全职写作这条路，持续创作，持续反思，持续尝试自己之前不敢尝试的题材，持续用出版了8本书的方式去沉淀自己一年又一年的思考。

慢慢地，当稿酬收入足以让我初步实现选择自由的时候，我恍然明白一件事：

多数时候，当你向人们谈起梦想，他们忍不住质疑，其实并不是出于看不起，而只是因为，他们站在自己的能力线上与阅历认知的边界上，就是会觉得你有点不切实际。

因为他们身边没出过能靠写作养活自己的作家，所以他们就认为这件事也不可能发生在你身上；因为他们身边没有靠喜欢跑步跑出奖杯的人，所以你一说自己想要将来在奥运上夺冠他们只会觉得你在胡说八道；因为他们自己觉得看书没啥用，所以你花时间泡在图书馆就会被认为是在虚度时光。

旁人无论出于好心还是坏意，给出的意见都是基于他们自己的见识与眼光。

当他们的见识与眼光与你不匹配时，多数人都无法理解你，其中很可能包括你的家人。

但你自己一定要明白，务实者有务实者的理由，做梦的人有做梦者的坚持。

罗素说：**“战争不决定谁对了，只决定谁留下了**。”

有梦想，且持续为之付出努力的人，才会是最后被留下来的人。

至于当时令你耿耿于怀的对错是非，反过头来看其实完全不值一提。

03

之前看到过一条热搜，说李佳琦花1.3亿在上海富人区买了豪宅，该小区房价超10万每平方米，跟一线明星成了邻居。

有人就酸，一个上不了台面的网红，凭什么住这么好的房子。

还有人挑唆，你们买的每一支口红，都成了1.3亿豪宅的砖下之魂。

罗永浩在微博上直言，这种价值观实在恶心。

为什么恶心？

很多人就是如此，一件事，你没做起来，他嘲笑你。

你杀出重围成为了少数活得好的佼佼者，他就酸你。

合法收入合法消费有什么毛病吗？

一年365天，李佳琦直播了389场。原因是他不敢停下来，用他的话来说："如果你今天不直播了，说不定你的粉丝就会被那另外的直播吸引住，他们可能第二天就不来看你了。"

人间法则，求其上者得其中，求其中者得其下，求其下者只能得下下。

他求其上而不停下来，只是因为心口上时刻幽居着危机感。

幸运确实会偏爱少数人，但有几个人恰好在自己热爱的领域刚好富有过人的天赋呢？

天赋是让人躺赢的东西。

可李佳琦这么玩命地跟时间争，跟身体的承受极限争，最后取得今天的成绩若不屑地归结成他的幸运，那只是人们不愿意承认努力价值的自我麻痹而已。

鲁迅在《未有天才之前》中说：

"天才并不是自生自长在深林荒野里的怪物，是由可以使天才生长的民众产生、长育出来的，所以没有这种民众，就没有天才。"

你要明白，平庸人群，只是架在天才脖子上的一把把刀。

一开始，你尿了，就什么都不是。

但如果你在刀光剑影中活了下来，你就是天才。

就像电影里《当幸福来敲门》里的父亲对儿子说的那般：

“当人们做不到一些事情的时候，他们就会对你说，你也同样不能。”

那些一事无成的人，想告诉你，你也成不了大器。如果你有理想的话，就要努力实现。

从被孤立、被嘲笑中活下来的人，就是生活的强者。

若有人嘲笑你的梦想，那你该知道那些嘲笑你的人说不定连梦想都没有。

04

李佳琦的直播间背景有一堵口红墙，里边摆了上万支口红，是他这些年来一支一支涂过的口红，用他自己的话来说：“这些年做的事都在上边了。”

在一次采访中，李佳琦直言：

“有记者问我以后会成为一个什么样的人，我说不知道，我说谁都不知道我以后会变成什么样的人，我只要做好我现在应该做的事情，之后一步步累积，往着一个目标去一直迈进的时候，我总有一天会知道自己会成为什么样的人。”

我们多数人，最初都像《喜剧之王》里的周星驰一样，落魄、渺小、被人嘲笑，提起梦想，就像是在偷人家的东西一样，感觉丢脸，甚至隐隐有罪恶感。

但人生，就是从跑龙套开始的，一步步积累，然后向着自己的目标迈进。

不远的将来，我们终将明白，**我们在每个阶段所做的一切努力，都决定着我们将来会成为什么样的人**。

如胡适先生所说：“昨日种种，皆成今我，切莫思量，更莫哀，从今往后，怎么收获怎么栽。”

生活好玩，人间值得

为什么现代人普遍在焦虑

01

2020年3月份开始，很多人提心吊胆、陆陆续续地复工了，可还有一些人——正在面临着无工可复的尴尬。

往年热闹非凡的企业招人季，到了今年，却成了集体缩招与停招的低压期。

往年常规的金三银四跳槽季，到了今年，却成了不敢出门的保命季。

年前那份早就受够了的工作，被自己甩下一纸辞职报告给撇一边去了。

本以为年后是自己解脱的开始，结果却因为赶上了这场迟迟不能彻底结束的疫情，以及铺天盖地的吃穿用度、这贷那贷一起迸发而来的压力。

一些人，整日笼罩在迷茫与焦虑里。

可谁又能预料到，找个工作竟会赶上这样一种局面呢？

02

不管当前的班上得多不情愿，也别轻易辞职。

一收到复工通知，周易就从县城老家回到了省会城市。

按照公司的复工要求，省内员工返回公司统一工作之前，需要再居家隔离14天。

因为她所在的互联网公司，大部分员工都是在公司附近租房住的，所以公司的要求便是，即便公司近在咫尺，也请你再耐心待一段时间，确定人没事儿，才可以来上班。

起初周易觉得自己还算幸运。

因为她租的房子是三室一厅的合租，两个室友的房间至今都是空的——她们在室友群里抱怨自己频频收到公司的延迟复工通知——照目前的情势下，很有可能是无限延期这种无薪休假的状态了，换句话说，她俩已经失业了。

都是职场上的老人了，她们当然明白公司是什么意思。

开人需要三倍赔偿，公司流不起这血，就只能延期再延期，能拖多久算多久。

拖活了，陆续安排。

拖死了，大家都一了百了。

在出租房里，周易从网上给自己买了大量的速食食品、零食和模具，刷着抖音学学做蛋糕，等待着14天结束后回公司复工。

距离复工还差3天的时候，她的邮箱里又进来一封邮件。

大致的内容是：

即日起，CEO（首席执行官）宣布自己自降薪资为0，中、高管职位及业务部门员工将全部降薪50%，部分无实质业务内容需要开展的岗位员工暂时不必返岗了，在家待着继续等通知。公司希望，大家都能理解公司的难处，能够共克时艰，帮公司渡过当下这一劫。

周易一下蒙了，她不是CEO，不必担心降薪为0。

她也不是公司的边缘人士，不需要公司拐弯抹角地告诫自己能不来公司添乱就尽量别来了。

但她恰好是需要被降薪50%的那拨人。

周易目前的工资是税前15000人民币，降薪一半后就变成了7500块。

7500块？

跟刚毕业进公司的实习生比，能差多少？

她不知道。

但她知道，除去租房的费用、日常花销、还完自己在老家那套小房子的按揭，她连吃糠咽菜的活命钱都挤不出来了。

起初，她有点愤怒，望着大大小小的公司群发呆。

以往公司发出来一些通告，总会有人忍不住出来吐槽对抗一下。

可现在，所有的群里都平静如一潭死水，好像一群湿了毛的鸭子被人扼住了命运的喉咙一般，认命又安静。

当天晚上11点多，周易的上级突然炸毛了，挑了一堆她远程提交的PPT报告里的毛病，连标点符号都不放过。

周易有点迷糊——因为这些毛病照以前根本都不算毛病，可现在怎么就成了大毛病了呢？

周易私底下跟关系不错的一个同事讨论此事，抱怨这样的薪资水平和工作压力她实在怕自己扛不住了。

同事直接告诉她，扛不住也要扛，因为你没的选，这个节骨眼领导难伺候也是情理之中的事儿，但他们为什么突然变得这么多事儿，你应该心知肚明。

周易恍然大悟——毕竟，她有一大半工作内容，就是跟人打交道。

这家互联网公司一直是人人都想往里钻的高薪公司，虽然跟一线城市的待遇不能比，但横向跟同城其他同类公司的待遇来比，已经算是中上游了。

就算自己动了跳槽的心思，她也十分怀疑自己能不能在同城找到更好的，况且这个阶段，全行业都在裁员，谁还会招人？

薪水的波动几乎是全行业都在发生的事儿，她无论去哪家上班，其实都一样，甚至还有可能比当下情况更差。

领导突然吹毛求疵，她也能够理解。

拿更少的钱做更多的事儿，才能让心思单纯的人一委屈就“知难而退”。

公司在打什么算盘，她都门儿清。

“但我周易可不是心思单纯的人，只要还有钱领，我绝对不会轻易自动离职，实在看不上我，你用三倍工资开了我。”

她知道，这段时间，领导挑毛病和挑刺儿会越来越多。

但她还是得咬牙顶住。

只要活着，人就要花钱。

但遭遇特殊时期，很多人便丧失了赚钱的能力。

光出不进的日子过上一段，就让人变得越来越务实，越来越抗压。

为了活下去，人类艰难地学会了向下兼容的本事。

03

年前谈好的下家，年后入职时间变得遥遥无期。

陆天是真正在年前就果断裸辞的人。

猎头三番五次找上他，他每次都是捂着手机听筒，沿着步梯一路小跑到楼下接电话的，几个回合后，他挑选了其中一家去面试了一下。

薪资、岗位、工作环境，都比现在的公司要好很多。

他没有理由不动摇。

跟新东家敲定好入职时间后，他便第一时间向老东家递交了辞职报告。

老领导很诧异，因为一般情况下，大家都会等拿到年终奖再该离职离职，该跳槽跳槽。

陆天在这个节骨眼上离职，八成是有下家了，老领导倒是能猜个七八分，只是他觉得，陆天这个时候走不是个好选择——陆天是他一手带出来的兵，他还是向着他的。

陆天还是坚持要离职，无缝衔接是保险一些，但也有坏处。

他一年到头都在加班，他想用换工作的空当带家人出去玩一圈，算是对自己更进一步的犒劳。

还有就是，老东家虽然平台有限，但还是待他不错的，他不想让老东家觉得自己太鸡贼——骑驴找马。

于是拒绝了老领导的一番好意后，陆天带着家人出去玩了一圈。

回来后，赶上了疫情暴发。

起初，他没有仔细想过这场疫情到底有多严重，就妥妥帖帖地嘱咐家里老老小小在家待了一个多月，去超市买生活必需品都是他一力承担，他也是家里最大的口罩消耗大户。

到了3月初，按照约定时间，他该去新东家报到了——年前本来是约定好2月初入职的，可大年三十他就收到了人力的电话，说受疫情影响，入职时间要做调整，具体入职时间要等人力电话通知。

陆天当时有点没底了，便问大约什么时候。

人力小姑娘含含糊糊地回复他，估计3月份怎么也可以了吧。

陆天把这句不算答复的答复，当成了自己在家数日子过的动力。

可一直到3月下旬，他都没再等来一通人力的电话。

他忐忑不安地通过手机号加上了人力小姑娘的微信，委婉地问了一下当下的情况。

等了好长时间，小姑娘才给他回过来，说：“老大的意思是，要继续等等看了。”

点屏幕的指尖颤了一下，陆天长吸一口气，直接问她：“是我这个岗位被人顶了吗？”

小姑娘听出了他的情绪，赶紧解释：“不是，您想多了，公司上级对您的整体表现是很满意的，只是今年所有约定好的新人岗都暂停了入职进程，大老板还让我们关闭了2020年全年的招聘通道，最近人力每天围绕着政策转来转去，要处理延迟复工后的请假说法、工资算法、裁员备案的报告、全员减薪的合理合法性，上头压力顶着，下头骂名追着，也是不好做……”

屏幕上这一大段丧气的文字，如密布的乌云般一点点吞噬了他的指望。

他知道，目前的局势有两种可能：

1.要么新工作黄了，36岁的他要加入找工作大潮了。

2.新东家愿意遵守承诺，继续接纳他入职，但待遇肯定是要重新谈了，而新谈一次待遇，他没有主动权，就算是比原单位待遇差，他也毫无办法。

他明白，自己要做好长期维持基本生活的准备了。

陆天查了一下银行余额，稍稍松了一口气。

相比于那些刚毕业就失业没钱交房租的年轻人，他还是多了一些底气的——有两套房，一套无贷款，另一套还在按揭，父母有退休金，媳妇是公务员，孩子还小花销出口主要是报班儿，他这几年来勤勤恳恳攒下的钱，也够他全家衣食无忧地扛上一段时间了。

于是，他回到台灯前，打开笔记本，开始给自己规划一个新的作息表——**他要时刻准备着做那个机会到来时第一个被机会选中的人**。

弗吉尼亚·伍尔芙说：“人不应该是插在花瓶里供人观赏的静物，而是蔓延在草原上随风起舞的韵律。生命不是安排，而是追求。人生的意义也许永远没有答案，但也要尽情感受这种没有答案的人生。”

他想，**尽管前路看不清答案，但人还是要选择成为主动追求命运的那一个**。

很多人都在面临同样的问题，假如你裸辞了，你的积蓄够你扛住多久不上班的压力？

有人看到别人裸辞眼馋，时时幻想着自己也有把辞职报告往老板脸上一摔的飒爽时刻。

但决定你该不该裸辞的，不是诗和远方的作祟，也不是上级恶心造作的指数。

任何时期，存粮富余多少，才是你要不要裸辞的首要依据。

04

迷茫的时候，有人在搏命，有人在玩废。

凌晨2点，阿锦停下了手中的操作，屏幕上的游戏地图闪闪烁烁。

无数个夜晚，她在里边找到过攻城略地的快感。

可现在，她一点都不快乐。

五分钟前，她的同学倩倩给她发来消息，说自己找到心仪的新工作了。

她和倩倩都是2019年的应届毕业生，当时一起在校招的时候投简历没找到合适的，就约好一起去报了瑜伽班和一个大佬的设计课，学完后，年后再一起找工作。

谁承想，年后赶上了这样的局面。

倩倩问阿锦，有什么打算？

阿锦说："已经托了家里人脉最广的舅舅帮自己四处问了，她就在家等消息吧。你呢？"

倩倩说："我家里没有有关系的亲戚，最近在智联、51job上投了简历，但几乎没有消息。我打算向外省投简历了。"

阿锦惊了："这种特殊时期就算人家给你打电话要你来面试，那么远你敢去？就算你敢，到了那边不得先隔离？"

倩倩说："总要试试的。"

阿锦以为，倩倩就是这么一说。

但倩倩真这么做了。她花了一段时间研究了自己心仪的那家公司的微博官媒，搜集了他们最近的活动动向，有针对性地为一个征集活动做了一份设计作品，还修改了自己的简历。

简历是定向投给目标公司的，目标公司的人力真给她打来电话，先安排了一个远程面试。

双方谈得很愉快，但目标公司还是希望，等过段时间安全一些了，她能来公司当面面试，因为这个岗位很重要。

倩倩查了一下，自己所在省份和目标公司所在省份疫情防控做得都很好，于是她申请周末就带着绿码过去面试。

门禁打开前，有人戴着口罩给她测了体温，一切正常后放行。

面试是在一间会议室进行的，公司保洁人员一大早就做了全方位消毒，全公司就只有面试他的主管领导、人力领导和她三个人——这是她提前计划好的，选择周末，员工都不在公司，人少大家都安全。

聊了一会儿，她上机做了一个设计考题，交上去后在会议室等了半小时，就等到了自己被录用的消息。

阿锦听完之后，只是觉得不可思议，这其中任何一个环节，换作是她的话，她感觉自己一定不会这么步步紧逼地推进。

在阿锦看来，不了解其他城市的状况绝不可贸然前去；在倩倩看来，把关乎安全的大局面查清楚，然后把主要精力放在对目标单位的研究上就有底气不虚此行。

阿锦每天看招聘信息都快看瞎了，没有回应后就陷入了“完全没有机会”的定论焦虑中；倩倩碰壁后，及时扭转了城市作战计划。

阿锦在游戏里厮杀等待；倩倩在努力用作品敲开第一扇机会的大门。

机会越少，越属于那些持续上进、不停增值的人。

因为人脉总有一天会断，而实力永不贬值。

马特·海格说：“如果想征服生命中的焦虑，活在当下，活在每一个呼吸里。”

当大段时间回归到人类自己手中，人类很容易变得无所适从。

有人打着焦虑的幌子，将自己彻底玩废；有人嗅到机会的拐点，拼命让自己增值。

你熬不过去，总有人能熬过去。

最后，用史铁生的一句话与大家共勉：**“且视他人之疑目如盏盏鬼火，大胆地去走你的夜路。”**

对得起，就能踏实地睡个好觉了

01

又是凌晨3点。

你紧闭着眼睛，双臂挡着额头，一动不动，看上去像是一个被人吊死的树袋熊。

只有你自己知道，你可以轻而易举地选择在任何时候把眼睛睁开。

思维无比敏捷地去凝视暗夜里天花板上那盏10点钟就被熄灭的灯。

你在想，早睡，不就是早早熄灯裹紧被子努力躺得一动不动吗？

我照做了啊，可为什么别人都行，就我不行。

明明已经结束爱情半年多了啊，明明我已经可以在熟悉的人面前谈笑风生，明明昨天刚跟自己和解了，刚说好了从明天起一定要好好睡觉好好生活。

怎么今天又言而无信啊，可恶。

不知道从什么时候起，你好像对任何事都提不起兴致来。

只是心口每天都堵得慌，特别闷。

有人想跟你聊聊，你却早已忘记了怎样倾诉，你早就对别人没了信心。

对自己，也是。

你特别想早点好起来，却一直不知道什么时候才能够好起来。

宫崎骏说："不要轻易去依赖一个人，它会成为你的习惯，当分别来临，你失去的不是某个人，而是你的精神支柱。"

现在想来，你好像一直在努力适应自己身体上的这种失去精神支柱的残疾感。

起初，你挣扎，用过去两个人在一起的点点滴滴去凌迟自己。

后来，你试着放弃，这世界何其大，不都说谁离了谁都照样活吗。

可那天你读到了张爱玲在《倾城之恋》里写的一句话："你死了，我的故事就结束了，而我死了，你的故事还长得很。"

啊，那一刻，你突然感到一阵欣慰，欣慰居然早就有人了解这漫漫长夜里独自失望的滋味了呀。

原来你并不孤单呀。

有好长一段时间，你无数次在睡不着的时候忍不住伸手要去够一下手机。

可凌晨3点的朋友圈真是挺无趣的，空落落的，刷新，再刷新，还是没有几个像你一样醒着的人。

你越刷新，越觉得全世界好像故意都在合起伙来抛弃你。

因为到了某个时间点，大家都睡着了，世界好像被一群睡去的人冰冻住了。

只有你，还是可以轻而易举地随时睁开眼睛，凝望，或者绝望。

又一次，3点了。

你赶紧给自己道歉，对不起，对不起，又让你熬夜了。

可道着道着歉，你突然给了自己一巴掌。

对不起有什么用。

你暗暗对自己发狠，我再也不要对不起，我要对得起。

对得起，就能踏踏实实睡个好觉了。

02

孩子感冒了，你感冒了，老公也感冒了。

一家三口只是感了个冒，你就觉得，活着真没意思。

孩子一咳，整宿整宿地没觉睡。

你明明也头痛欲裂，你明明也嗓子眼火烧火燎，可这半夜孩子的哭、孩子的咳、孩子的闹、孩子的渴、孩子的拉尿，都等着你强忍着身上的种种难受，起来，去伺候。

世界从来没给一个妈妈任何选择，每一个妈妈都是在被迫长大。

要说人有多坚强。

没有。

有时候突如其来的一场感冒，把一家三口洗劫了一遍，你就有一种活够了的念头。

夜里睡不着，你起床把《海上钢琴师》又看了一遍，这绵延的城市应有尽有，却唯独没有尽头。

你看到这里，居然好伤心。

感冒的尽头在哪里？照顾孩子的尽头在哪里？这样没完没了、孤独苦战的日子的尽头又在哪里？

家常的病偶尔来闹一闹，你就能被轻而易举地磨掉了生活的兴致。

一场不大不小的病，很容易加重一个人的消极。

不都说，死又死不了，活又活不好吗。

形容感冒真是太贴切了。

陪着家人扛过一段疾病期，经历过一段连夜难眠的生熬，一个人就特容易降低对旁人的期待。

指望过，发现什么都指望不上，就只能孑然一身地继续扛着。

不必妖魔化现实世界，它常常没有人们口中那般苦涩。

多数人正在经历的现实世界，只能算作，不过如此罢了。

林语堂说：“目光放远一点，你就不伤心了。”

你想了想，好吧，我还能怎么着？

接着扛吧，比远方更远的地方，总归是有好日子可以过一下的。

03

又是深夜，你已经不在乎是几点了，手机都不敢多看一眼。

生怕知道了几点，反而加重强行要自己入睡却根本做不到的焦虑感。

白天去面试的工作，总觉得各个环节都没问题，可就是等不来那个笑吟吟的HR大姐的电话。

傍晚例行公事般地给家里去了一个电话，妈妈像往常一样，对于你快30岁还没找到对象的事儿，不敢提又想提，你特别想发脾气说，我也不想这么一个人孤零零地过下去，可就是遇不到合适的人我能有什么办法啊。但你还是没说出口，笑嘻嘻地搪塞了妈妈，妈妈嗔怪你自己这岁数了都还自己不知道着急。

借给朋友救急的钱，说好上个月就该还你了，可电话她经常说自己没听到，微信也是从之前的秒回变成了隔夜回，可能再用不了多久，你就要被拉黑了吧。

白天的时候，你跟太多太多的人说过“没事，我很好”。

是不是一到晚上就抑郁的人，都像你一样是因为白天积极乐观了一天太累了呢？

你甚至开始睡前小酌几口了，喝酒的时候你心里总是隐隐寄望着什么。

朋友笑你，酒瘾真大啊，天天整。

你突然想起陆远在《好先生》里说的：

“我不是个酒鬼，我是个正常人。只不过我醒的时候太难过了。”

睡不着的时候，你有时候忍不住总结自己这一生。

你也在努力，也在积极地想要改变生活，可感觉生活的样子还是没什么起色，你有点痛苦，有点无所适从。

忘了从哪个网友的留言上看到这样一句：

我上那么多年学，熬那么多夜，做那么多习题，顶着各种各样的压力，参加各种残酷的考试，然后实习，谈恋爱，分手，工作，加班。我那么辛苦，竟然是为了成为一个普通人。

然后就失声痛哭。

原来，你只是一直没意识到，自己与世界苦战了这么久，只是为了成为一个普通人。

夜里的丧，最能杀死人心。

你总是羡慕着那些沾床就着的人，你觉得那才叫活着。

你总是把心墙垒得很高，一边说着我可以，一边又仰着头巴望着能有人能翻过来问问你过得还好吗。

04

木心先生说：“生命是时时刻刻不知道如何是好。”

我倒是觉得，生命就是这一秒觉得知道如何是好了，下一秒又不知道了，然后循环往复。

嗨，我告诉你哟，其实那些擅长早睡擅长沾床就着的人，也没有过得事事如意、万事顺心啊。

只是夜里睡不着的人，总是更容易在情绪上头的时候放大自己的不顺。

只是能够早睡的人，完美避开了每晚情绪上头的最佳时期。

不要放弃睡眠，不要与睡眠苦战。

睡得着就睡，睡得稀碎就睡得稀碎，睡不着就拿起本书来制裁一下自己的精神头儿。

相信我，不用你刻意做什么，时间会推着我们往前走的。

抱抱你，睡吧。

做一颗星星，有棱有角，还会发光

01

平安夜那天，是我定居大理的第四个年头，望着窗外篝火边陌生又熟悉的狂欢人群，写了一段文字在公号上推出去，然后那一夜就收到了两百多条读者的留言。

除了客客气气地互道祝福，还有很多含糊不清的遗憾和沮丧。

年底了，大家都想找个人说说话，哪怕另一头是我这样的陌生人。

逐条看完留言后，感伤像沾了冰碴子的蜘蛛腿一样，顺着我的脊梁骨缓缓向上爬行。

这么多年过去了，原来全世界所有人一到年底的焦虑与惆怅从未改变过。

三年前，那个在高考到来前100天每天都来我后台发来“加油”二字的小姑娘，终于没有被一次发挥失常的月考成绩打趴下，如愿考上了她想要的名校。

但如今，日子也没有过得像她当初期待的那么快乐。

她说："二十几岁还以为自己定当大有可为，回头看看这一年，没有敢推心置腹的朋友，没有碾压一众的成绩，没有怦然心动的爱情。每天都好像在忙，却不明白自己到底忙了些什么。也不是没努力过，可好像还是一无所获。"

当时看完这条留言，我一下想起来海子的几句诗：

面对大河，我无限惭愧，我年华虚度，空有一身疲倦，和所有以梦为马的诗人一样，岁月易逝，一滴不剩。

简直完美击中了现在年轻人疯狂忙乱却怅然若失的年终感受。

年华虚度，空有一身疲倦，大概是这世界上最丧的年终总结了吧。

我们都曾梦想改变世界，可现在感觉自己好像只是在一天天地打发时间。

我们都在经受着结果导向的拷问，所以时常怀疑既然奔忙无果，那么努力到底有什么用？

支撑我们空有一身疲倦还在奋力向前的，大概就是：不努力有负罪感，一努力就不快乐。

02

之前在同一家公司共事过的两个朋友，他俩如今基本上都处于四十出头就已"退休"的状态。

但因为当初的选择不同，导致了现在各自的现状完全不一样。

他俩当年是同一批被人事经理招进去的青涩小实习生。

不同的是，一个人做了一年后找到自认为更适合自己的平台就跳槽走了，之后在五年的时间里跳了三次，如今是一个新媒体公司的市场总监。

另一个就一直待在最初的那家公司，跟着老板一路从五个人的小团队干到如今，融到了B轮投资后直接搬到了闪闪耀耀的CBD（中央商务区），名片上写的是联合创始人，实实在在有股权每年都能分到大把红利。

其实总监也没什么不好，跟一些好多年没加薪升职的人来比，日子也没那么难过，只是因为在每一家公司都没做太长，所以在每一家公司工作的时候，他都能感觉到老板只是拿他当一个心性未定不能全盘信任的职业经理人。

所以，他每一次离职，都因公司空降给他一个不太友善的直属上司。年薪虽然谈得时候挺高，但因为没干满期限，所以最后到手的钱并不多。

又因为家里一场突如其来的变故，加上刚辞掉了工作，总监不得不开口向以前的同事借了钱。

虽然对方连个磕巴都没打，就痛痛快快地给他把钱打过去了。可他一个大老爷们，还是几杯酒下肚就难受得哭了。

就像是《大江大河》里，刚出狱的大寻找当年的好哥们小辉借钱时的心情一样，小辉越是痛痛快快地掏出名表仗义相助，大寻夹菜的筷子越是匆忙、躲闪、无处安放。

很多人都会在失落的时候怅然假设，如果当初我没有因为一遇到点不顺气的人和事儿，就判定自己做这一切都没有意义而匆匆忙忙地走人换地，如今的境地会不会是另一番模样？

何炅曾在采访中提到放弃和抱怨：

“要得到必须付出，要付出你还要学会坚持，如果你真的觉得很难，那你就放弃，但是放弃了就不要抱怨。我觉得人生就这样，世界真的是平衡的，每个人都是通过自己的努力，去决定自己生活的样子。”

所以，太辛苦了扛不住了吗？

好的，你可以放弃。

但只要放弃了，就不该再絮絮叨叨翻不了篇地来回抱怨，毕竟这终究是你当初自愿做出的选择。

这世界上的快乐只属于两种人：怡然自得不求上进的懒人；咬牙硬抗决不投降的变态。

而**那些一边悔不当初，一边迈不开脚步的人，这辈子都活在矫情别扭、黏黏糊糊的旋涡里**。

03

一个征战多年的金融大佬最终扛不住激烈角逐的高压环境，从高管位置上黯然退下，状态一度跌落到谷底。

本来他想得挺好，反正手头的存款也不少了，就顺便赋闲在家养养身体得了，只是在家养了才一个月，就变成了一个患有极度严重失眠症的病人。

他沮丧死了，原先整天想睡觉却没的睡，恨不得在酒店大堂里等人的时候都要拿个毯子盖上眯一会儿，现在可好了，有大把的时间可以睡觉了反而整宿整宿地睡不着。

完了。

之前的三十多年，他一直在为钱发愁，如今，他万万没想到，发愁的对象竟然成了睡觉。

有一天凌晨三点他老婆起来上厕所，发现身边没人，客厅里有一个人影在拖地，当即吓得后背发冷，汗毛直立，关键是他拿拖把东杵一下西杵一下的样子太像个精神病了。

第二天早上，他老婆合计了一下，就给他“发配”到大理来了，而且是允许他像一个浪漫的单身汉一样独自出来旅行的。

结果他在古城一家客栈里住了三个晚上后，发现还是辜负了贤妻一番大气的美意——依然没得到改善，依然睡不着觉。

他约我出来喝茶，顺道有点不好意思地问我，大理有没有好的精神病医院，他想住进去了。

我“扑哧”一下竟然十分缺乏同情心地笑了出来：“别啊，哥们儿，我记得你二十年前参加一个什么人才演讲比赛的时候不是说想拥有一家自己的客栈，养狗养猫养花，然后每天听来往的过客给你讲故事的吗，都到大理了，这是这辈子离你的愿望最近的时刻，要不你实现一下？”

大哥失神地望着我，不知道是看到了我脑子中的淙淙流水，还是想起了自己当年一腔热血的沙雕风采。

一个月后，他就从别人手里接了一家客栈过来，真干起了佛系开一家有狗有猫的客栈的“勾当”。

大哥满脸红润、一腔热情地要请我吃个便饭。

我虽然不太知道他谢我什么，但还是很委婉地劝了他：“等你赚到钱了再谢我吧，实不相瞒，像你这么冲动，再加上当下的大环境，赔多赚少。”

“不重要。”大哥的茶杯沿上冒着不被世俗牵绊的青烟。

我以为大哥会用一套惊人的投资论驳斥我消极的投资判断，结果他竟然告诉我不重要。

一番推杯换盏下来，我最终弄明白了大哥到底意欲何为。

用他自己的话来说，**忙起来不管能不能得到好收成，却能实实在在得到好睡眠**。

很多人忙忙叨叨了一白天，一到夜里却心里发虚，一会儿怀疑人生，一会儿懊恼努力，其实很多时候，是因为他们在忙着一些自己没想明白的事儿。

就像是偶然上了一艘豪华游轮，你不知道目的地，你不了解同行何人，你只是换上了礼服，举起了酒杯，慌慌张张走进舞池，疯狂地过上了自己不了解的一生。

恰如清华永远的校长梅贻琦说的：“把自己交给繁忙，得到的是踏实，却不是真实。”

全世界都在劝我们要活出真心啊。

可人生的本质就是一个吃苦的过程啊，有些苦不食就是轮不到你活出真心啊。

那些别人都在问值不值，只有我们自己知道喜不喜欢的事儿，可不就是真心嘛。

04

别再问我，为什么这一天自己好像什么事没做，却还是感觉累得半死不活的呢？

面具戴久了，就是会长在脸上的啊。

做人本身就是一件很累的事啊，何况你一直在忙一堆自己不喜欢的破事呢。

过去的一年就这么过去了，愿你记得内心那份快要被遗忘的真实。

记得那份“无论做什么，和谁在一起，你看到什么，听到什么，都有一种从心灵深处满溢出来的不懊悔也不羞耻的平和与喜悦”的真实。

如此，以上。

愿他们人来人往，我们如意安康。

一切都是最好的安排

01

不知道自己喜欢什么，是不是就等于没有选择？

邻家有个小女孩，每天在我打开电脑的时候，就准时开始弹钢琴。

一周过去了，《虫儿飞》依然弹得断断续续、全无起伏，令人听之烦躁，不自觉地想要剔牙打嗝，丧失斗志。

有一天早上我爬上楼顶，朝着苍山翠绿的方向望去，正好看到那个小女孩也在阳台上叉着腰中场休息，她叼着棒棒糖，趴在栏杆上，瘦瘦高高的，像一只没有感情的竹节虫。

突然她回头望向我，好像也注意到了我指点江山般的撩人站姿，便咧着嘴朝着我笑。

我站在屋顶小声问她："是不是不喜欢弹钢琴？"

我知道，隔着这大老远的时空，她断然是听不见我说什么，可我就是好奇。

小女孩伸手挠了挠丸子头，神奇地朝着我点了点头，然后又摊了摊手。

我突然意识到，她虽然听不到我在说什么，可依然可以向我准确传递她对人生的束手无策。

看到她便想起来夏令营时认识的一个小女孩，老师让大家选书去读的时候，别的小孩都在精挑细选，一排书架一排书架地看，有模有样的，只有她，闭着眼睛从书架上抓了一本，找了个藤椅就坐下来乱翻一气。

过了一会儿又去便利店买了一根冰棍，递给我，要跟我聊天。

这么一个9岁的小女孩，问我，不知道自己喜欢什么，是不是就等于没有选择?

我脖子一凉，说："小同志，你问的这个问题有点衰老啊。"

我反手把自己腿上的聂鲁达诗集递给她。

她信手翻开一页就看到这样一句：当黄昏靠岸，码头格外悲伤。

她欢喜地跳起来把诗集抱走了。

你看，不知道自己喜欢什么，选择反而更多。

02

嫁给金钱还是嫁给爱情？这道题难做只是因为你想多了。

31岁的姑娘相亲相了一年多，结婚对象还是定不下来，被她娘隔着电话线骂成了饼干屑。

她说她最大的纠结就是，不知道是该嫁给金钱，还是嫁给爱情。

我喝了一口82年的芒果汁，告诉她，你想得有点多，很多女人最后既没嫁给爱情，也没嫁给金钱，而是嫁给了穷嗖嗖、还整天跟自己干架一点让步都没有的老公。

《霍乱时期的爱情》里说："我去旅行，是因为我决定了要去，并不是因为对风景的兴趣。"

奔赴一场婚姻，其实也得有点这种落子无悔的劲头儿。

你以为旅行路上好风景，其实有可能景区门口排个队都能跟人打起来。

你以为婚姻尽头必是得此失彼，其实有可能日子过到最后才发现他一样都沾不上边。

婚姻之所以是婚姻，是因为你不能把它量化成爱情或者金钱的天平。

梁实秋说："人之最馋的时候是在想吃一样东西而又不可得的那一段期间。"

过了某个阶段，你之前十分钟意的小哥哥，一段时间后，可能就会变得无感。

对的人这件事，遇见了好好把握，错过了就该释怀。

03

眼前的欢愉想要，未来飘忽不定的高处相逢也想得到。

统一给我后台里偷着跟我聊初恋的少男少女们，讲个故事。

尤其是那几个初中生，你们认真听。

我高中时，因为个子小（现在也没长高），坐第一排，不知道为啥，老师给我安排了一个身材高挑儿、特别会穿搭的同桌，她学习特别废，但家里条件好，偏就喜欢上了班里总是考前三的一个男孩子。

我们每天下午第三节课，是自习课。

为了维持秩序，老师会把一些学习成绩比较好的同学安排成值班班长，像模像样地坐在讲台上，一边写作业，一边看纪律。

但通常情况下，那些成绩好的学生，都对管人没兴趣，他们只对名次上碾压了谁感兴趣，所以他们坐在台上，基本就是个摆设。

但我同桌，每天喷上呛鼻子的香水、准备好甜美挠人的盛大微笑，就是为了等来这一激动人心的时刻。

那男孩子坐在讲台上的每一分钟，都是这辈子离着我同桌最近的时刻。

一开始，我同桌满足于这样近距离看着小哥哥侧颜的意淫，后来就忍不住动手给小哥哥写信了，当时她碍于面子问题，不好意思让写作文有点牛的我帮忙润色，后来她求爱失败，拿着那封信来找我总结教训来了。

我看着全篇平淡无奇、语句不通的信，连连叹息，直到看到了最后两行娟秀飘逸的字：我们应该在更高的地方相见，再回忆，当时明月在，曾照彩云归。

学霸小哥哥字写得非常好看，还用极简单的句子，回绝了学渣的追求。

这是我当时的理解。

可学霸小哥哥第二天就给出了鬼畜的神操作，他约着我同桌放学一起走了。

放学路上还摸了我同桌的手。

给我同桌高兴坏了，误以为人生第一春如期绽放，上课听讲的时候满脸都挂着沉迷爱情无法自拔的姨母笑。

可小手才拉了一周。

我同桌就被甩了。

我同桌找了一个无人的午后拉着我在一棵歪脖子树下号啕大哭了一场，她不明白为什么爱情来去都这么快，就像是龙卷风。

我打量了她的手背一下，发现她的纤纤玉手简直堪称完美，所以断定一定不是因为我同桌手感奇差而导致小哥哥这么快就跑路了。

我问她："小哥哥跟你分手的时候，说什么了吗？"

她说："小哥哥说我从来没有好好读过他的回信，让我回来再读一下。"

她掏出皱巴巴的信纸，要我看看其中有何没有参透的玄机。

我使劲揉了揉眼睛，把小哥哥简短的几个字又重新读了一遍，还是没有发现任何藏头诗之类的秘密。

我同桌当时难过了好一阵子，甚至一度陷入了自己不够貌美的自我怀疑中去，自习课上背着背着单词，都会突然叹气。

后来听说她一毕业就嫁人了，门当户对，男方家里也是有钱人，不知道她想起这段过往，会不会望着斑驳树影，绵延起一阵年少时美好遗憾的想象。

多数有关年少时的喜欢，都是后来天各一方再无联系，徒留一人在世俗的儿女情长中偶尔惦念起少年坚毅的背影。

狗血的是，我后来偏就在北京遇见了已经参加工作了的学霸小哥哥。

学霸小哥哥听说我工作的地方离他很近，满腔热情地约我一起吃饭。

忆往昔峥嵘岁月的觥筹交错中，我忍不住问了问他记不记得某某（我同桌的名字）。

他用了好长一段时间想起了我同桌曾经追求过他，小哥哥坦然一笑，嗨，我当时跟某某试着交往了几天，就发现自己真正喜欢的是一个叫“某彩云”的姑娘。

你能想象吗？

这就是，“当时明月在，曾照彩云归”的全部浪漫所在？

你以为，你曾许一人以偏爱，尽过此生之慷慨，对方也会在宇宙长河中永远记得你的存在。

但他只是带着他爱的姑娘，在东南亚冲浪，在魁北克滑雪，抖动着长毛的大脚丫子，从未片刻停息。

你以为，他偶尔也会半夜醒来想起你，发现亏欠你好多。

其实他一开始就混账，后来也混账。

年少时喜欢的人，是融化在人群中的姑娘，是奔流在世俗中的少年。

我们只是在身体里装满爱的年纪里，偶然遇到了谁。

当时情真意切，便情真意切。

当时人仰马翻，便去他妈的。

不必过于美化最初的一切，不必过于沉迷缅怀忽略了眼前人。

就像毕淑敏说的："有些东西，并不是越浓越好，要恰到好处。深深的话，我们浅浅地说；长长的路，我们慢慢地走。"

君不见，人生路，一回来，一回老。

请保持初心不改，奔赴下一场山海。

好好休息，就算重启人生最划算的方式了

01

有个挺励志的读者，去年应聘成功，梦想成真，给自己最喜欢的网红小哥哥当助理去了。

这世界上最励志的追星族，除了跟爱豆喜结连理，就是莫过于跟爱豆朝夕相处一起工作了。

本来是个连做梦都能笑出声的工作，可最近被她干得很丧气。

她前几天晚上突然扔过来一段文字，要我看看用这段文字发朋友圈会不会很炸。

我仔细看了一下，大概的内容就是：指桑骂槐地说她公司某个领导就知道抢风头，有活下来永远都是推三阻四，就靠着一张抹了蜜的嘴在公司里边混日子，而她自己就是一个替他蒙眼拉磨的驴。

我笑，说：“这要发了，惹一身骚。”

她一听急了：“都这么昏天暗日地快一年了，我天天加班到

凌晨1点多，那女的倒好，轻轻松松拿着方案去哥哥面前装奇思妙想的小仙女。我实在忍不下去了，我不发，哥哥根本不知道我做了些什么，更不知道这一年我受了多少委屈。”

我知道，她口中的哥哥，指的就是那个网红艺人。

我说：“他大约是知道的，只是没那么在意。”

她一听，有些困惑，连着给我打了6个问号。

我说：“说到底，你只是他的同事，不是他的女朋友，老板真正在意的，是工作有没有顺利进展，公司团队有没有乌烟瘴气。常规来说，你的情绪不是他的关注点，那么你这种朋友圈发出来，只会让他觉得是负能量，所以，这不是为自己鸣不平的上上策。”

姑娘琢磨了一下，虽然觉得哥哥给他的感觉好像真是这么回事，可还是觉得心里的火没处泄，索性发了个笑脸：“那你说怎么办，轨姐，我还是去蹦迪吧，不然郁闷坏了身子。”

我一听就乐了，实不相瞒，如果我没记错，她这一年来的朋友圈，基本上这个点不是在蹦迪，就是在去蹦迪的路上。

我问她：“明天休息吗？”

她说：“不啊，手上一堆活等着确认，一堆人等着对接，烦死了。”

我又问：“喝醉了有男朋友照顾你吗？”

她哈哈一笑，说：“母胎单身21年，如假包换。”

我笑：“还是睡一觉吧，把黑眼圈干掉，把精神头养好，有战斗力别人就不把你当软柿子捏，精神状态好就有人愿意爱上小太阳一样的你。”

她抱怨我用中年人的养生大法迷惑她，还说自己失眠睡不着，但五分钟后就没了反应，第二天起来告诉我，太累了，秒睡着了，一觉醒来，感觉自己什么都没干，但又感觉好像又可以干翻全世界了。

成年人的崩溃就是这样，来去如风。

有时候一点点不顺意，就能搅得你觉得自己没未来了，总想着，必须要约酒，必须要蹦迪，必须要渣一下，必须要惊涛骇浪作妖一下，才能重启自己暗无天日的当下。

可事实是，只要一觉醒来，便又觉得自己什么都可以了。

那些拿着一些莫名中二的想法给自己累趴下的身体雪上加霜的人，通过持续的疲累与疯狂，把头一天的悲观绝望持续带到第二天、第三天、第每一天，这不自己作死呢吗？

乖。

好好睡一觉，就是重启人生最划算的方式了。

为了刻意发泄，歇斯底里地折腾一气，醒过来后你会发现，昨天的一地鸡毛，还是要自己弯下腰一点一点收拾妥当。

自找麻烦，划不来。

02

一个多年的毕业班班主任，跟我讲过一个很成规律的现象。

就是，每当老师觉得这段时间课业压力过大的时候，他们就会一遍遍地提醒班里的学生，一定要注意休息。

学生回到寝室后怎么休息的，他不是很清楚。

但课间学生们怎么休息的，他倒是留意过几次。

课间只有十分钟的休息时间，学生的休息方式都会分成明显的两极。

A类学生上个厕所回来，就掏出手机来刷抖音看综艺玩手游；B类学生要么出去走两圈，要么就是坐在位子上闭目养神。

而A类学生的成绩在班上普遍处于中下，B类学生多数都是班上的学霸。

所以，这里暴露了一个特明显的问题：

学霸连休息的方式都跟成绩普通的学生不一样。

那个班主任说："那些喜欢通过闭目养神或随意走动一下的方式来获得休息的学生，大部分都可以在多次考试中获得平稳的发挥，尤其是决定命运的大考，发挥失常的概率是极低的。"

这种微妙的差异在学生时代就已经产生了。

无论是上学还是上班的时候，很多人都会出现一种奇怪的感受，就是越休息越累。

背后的真相是什么？

真相是，很多人根本不懂通过怎样的方式在自己死机的时候帮助自己重启一下。

看到不大点小朋友写完作业后，美滋滋地捧着手机刷着几秒钟一个的小视频，小手一划，下一个，没啥感觉，一两个小时就过去了。

被愤怒的大人收走了手机后，小孩子就容易失落、暴躁，似乎刚才的快乐一瞬间被剥夺干净，好像一分钟的快乐都从未得到过。

我们从很小的时候，总以为寻求快感就是自己劳动之后得到的最佳奖励，其实本质上，不过是**从一个深渊走向另一个深渊**。

在网上看到过一句话："人生是场马拉松，拿到关键门卡的钥匙重要，具备长期奔跑的能力更重要。"

而那些懂得如何通过休息来重启自己人生低谷的人，往往都是可以在长跑比赛中跑到最后的人。

03

不懂休息的人，看上去是在模式切换，其实不过是从一场水深火热，走向另一场水深火热。

《奇葩说》第五季的魔王车轮战里，蔡康永说："人生最重要的，不是快乐，而是平静。"

而我们总是在惊涛骇浪的快感结束后，才了解了这样的真相。

五一假期的时候，远房亲戚家的一个小姑娘加了我的微信，大段大段的语音发过来，我听了前边几段，大概得知小姑娘失恋了，爱上渣男却不想回头，一气之下拉黑了男方，自己又反悔，贱兮兮地要把对方加回来。看到微博上男孩子已经开始晒新欢气得差点割腕。她整宿整宿地不睡觉，要么追热剧，要么打游戏，说自己怕睡着了会梦到他，那种滋味太撕心裂肺。

本来这该是一个情种姑娘撞了南墙不回头的故事，但我生生闻到了一股子作死的气息。

她闺密给她出主意，忘掉前任的办法是时间和新欢，男的选择了新欢，她也想选新欢，就网聊，见了一个特猥琐的男网友，第一次见面就当街袭胸，她差点当场呕吐，找了个机会跑了，还是不甘心，说要来大理。

我问她为啥想来大理，她羞答答地说："不是说艳遇之都嘛。"

"我艳你个鬼，你怀揣着这种心思来大理，八成是要被人骗的。"

我给姑娘的建议，蒙头大睡三天三夜，把自己的身体充满电，给自己几天的平静，再去想如何冲淡前任的法子。

每个人都有情绪死结，每个人都可能深陷焦虑，为了不陷入负能量的恶性循环，人都会本能地去寻找撕裂现状的口子。

但无视平静期的人，妄图通过多巴胺的短暂快乐来对抗当下的沮丧，最终会发现，激情退去后，你还是要面对第二天的PPT和敌军劈腿却还臭不要脸地看不起你。

村上春树在《海边的卡夫卡》中写道：

“暴风雨结束后，你不会记得自己是怎样活下来的，你甚至不确定暴风雨真的结束了。但有一件事是确定的：当你穿过了暴风雨，你早已不再是原来那个人。”

与其在暴风雨中淋雨哀号，不如平静下来，睡一觉，默默与自己和解。

无论你作死还是休息，暴风雨都会过去。

但**不同的是，风雨之后，你是奄奄一息舔舐伤口，还是即日启程成为一个更好的自己。**

对自己好一点，吃饱喝足，爱谁谁

01

2020年6月6日，山西某大学大二学生，补考中作弊被监考老师发现后，卷子与手机被收走，并通报了学校大群，离开考场不久后，该学生坠楼身亡。

而事后让家长难以接受的是，他们通过监控发现，孩子被发现作弊后有长达20分钟的哭泣，但监考老师却并未对其进行教导和规劝，所以认为学校对孩子的死负有一定责任。

一条“老师抓作弊天经地义，你跳楼是你的自由”的热评，被网友赞到了第一位。

跳楼学生生前给父母发的最后一条消息是：妈，对不起，不要想我，我配不上。

因为曝光的聊天记录里，妈妈在孩子出现异常举动后的第一反应是一句略带着一丝微妙的“又咋了”，所以一部分网友推测，是家庭教育层面早就出了问题。

还有网友觉得现在的人太过冷漠，人家父母养了这么多年的孩子，就这么跳楼没了，孩子不管做错了什么，他哭那么长时间，哪怕有一个人愿意安慰孩子一句，孩子也不至于走到这一步，难怪人家父母接受不了。

到底谁最该为跳楼学生的死负责？

是学校老师吗？

老师监考维护考场纪律，维护公平竞争规则，是他们的职责所在，如果因为一个学生大哭就心软让这事儿过去，反而是对其他认真背书熬夜复习学生的不公平，更是对监考意义的亵渎与自己职业道德的不尊重。

而且，**一次极端事件的不当处理很容易把一个教育工作者推入一辈子的阴影**。

是做家长的没有给孩子最基本的挫折教育吗？

从妈妈给孩子回复的消息来看，能说出“不会就瞎做做”的妈妈，并不是一个把成绩看得比孩子的心理健康更重要的严苛母亲。

或许确实有家庭教育不到位的因素在，但孩子轻生前唯一愿意再联系一次的还是自己的妈妈，起码说明这个妈妈并不是一个暴戾独裁、完全不值得孩子信任的家长。

是学生作弊犯错在先就该置之不理让其自生自灭、说他死得活该吗？

20分钟的哭泣，这位学生到底想过什么？

真的像一些网友推测的那般，他在后悔作弊吗？

从他发给妈妈的消息内容来看，他没有是非不辨地去怨恨老师当场揪出自己作弊，而是告诉妈妈，我配不上。

配不上什么？

没好好复习，还做了作弊这种丢人的事儿，配不上妈妈对自己的爱与思念。

上过大学的人都知道补考规则，第一次考试不及格，还会有一次集中补考的机会，但如果补考还是过不了，就会面临着大概率拿不到学位证的可能。

拿不到学位证或者毕业证，对一个上了这么多年的学生来说，真是一件挺严重的事儿吗？

很多经过大风浪、历过大挫折的人会忍不住不屑，就算是考试作弊被抓，就算是没拿到学位证，也不至于跳楼去死啊，这世道能走的路千千万，为什么你偏要选这条道？能怨得着谁？

我突然想到了2007年热播的电视剧《奋斗》。

第一集就有学生跳楼了。

02

大四学生高强，毕业在即，也是因为作弊被抓。

高强同班同学对作弊这件事的理解，重点不是“不就一次作弊嘛”，重点在于，他们认为，因为作弊，学校不给毕业证了，那就等于毁了学生的一辈子。

熬过风浪自在田园的人，对这种孩子气的见解会觉得幼稚又好笑。

可在一些还没跟社会接轨的学生看来，拿不到毕业证就是等于一辈子全完了。

回到家中，父亲得知他没拿到毕业证后，焦虑翻倍，一个下岗职工家庭，花钱找人把孩子毕业后的工作都安排妥当了，就差拿着毕业证去办入职手续了，结果孩子回来告诉父亲，因为作弊，学校不给发毕业证了。

学校内，高楼下，同班同学在扔学士帽，在嬉笑着拍照，他躲在窗户后边抹眼泪。

回到家，他想寻求短暂的逃避，父亲焦虑的释放与那恨其不争的一巴掌，彻底击溃了他的承压能力。

很多人不理解，明明是你做错事不愿意直面在先，凭什么就谁死谁有理了？

明明是你自己玻璃心，心理素质太差，这么一点事儿都承受不了，怨谁？

事实是，很多轻生者的起因，都是因为很小的事情。

甚至渺小到80%的人看到后，第一反应都会诧异地问，至于吗？

至于的。

有人天生就是玻璃心，有人与生俱来的承压能力就是比正常人差很多，甚至脆弱到常人难以理解的地步。

在这个人人匆忙、人人自顾不暇的世界，人文关怀更多时候

是额外的要求与馈赠。

人家给了，是心善。

人家没给，也不欠。

由于视野局限、阅历简单、成长环境、先天敏感等诸多因素推动，这部分人就是很容易陷入瞬间绝望的。

在一个瞬间绝望的人看来，一句话可以要一条命，一句话也可以救一条命。

这世上，人人都有自己的崩溃线。

你觉得大厦倾塌列车脱轨都是小事，他觉得走路不小心磕破膝盖是大事。你觉得经济独立这辈子不结婚爱谁谁，她觉得生活在村里25岁没结婚就没脸见人。

怕毛毛虫的人，可能敢为了素不相识的人挺身而出；一身腱子肉的猛男，可能因为女朋友一上午没回他微信而黯然落泪。

这便是这个世界的软肋规则：大家互不理解，也互不和解。

03

单独拆除事情的某一个维度，每个人都能轻易地指出谁对谁错。

一旦融合进了多个维度，每个人都没办法从局中全身而退。

瞬间绝望可以因为很大的事儿，也可能是因为很小的事儿。

只不过这个很大，或者很小，都是你认为，或者我认为。

做不到有趣没关系，但你不能无趣又讨人嫌

01

一个读者突然甩给我一条哇里哇气的热搜，说是只要“在平淡的聊天中加一个哇”，对方对你的好感度就会陡增。

为了验证是否有效，她甩给我超话链接的时候，还煞有介事地发了一句“哇，轨，你看下，是真的有作用吗”。

我当时正在卡文的边缘挣扎，枯竭的灵魂并没有半点耐心，我说：“作用当然是有的，但不保证是不是副作用。比方说如果你现在告诉我你发烧了，我一定会第一时间回复你：‘哇，太棒了。’”

读者马上发来表情包，笑到脸裂开。

其实，她大概也不尽信这些个哇来哇去的招数。

只是，有些人就是自认为不太会聊天，但偏偏这年头要个朋友都要从加好友开始，于是不得不屡屡品尝了上来就要展示自己短板的苦涩。

网络社交世界里，聊天确实是要讲究一些最基本的礼仪的。

但在适当参考这些礼仪之前，有一点你必须先给整明白了。

那就是，展开一场聊天之前，你务必要先判断对方到底想不想跟你聊天。

否则啥礼仪都白搭。

02

礼仪一：回复评论区里的共同好友千万别厚此薄彼。

一条朋友圈下边的评论区，经常会有共同好友偶遇到一块儿。

点赞还好说，你默默收下这轻飘飘的赞意，就让往事都随风就完事。

但如果有那么几个互相认识的人不辞劳苦地给你留了言，那你千万别嘚嘚瑟瑟地回这个不回那个。

你千万别看不起长辈们最喜欢煞有介事地“统一回复”。

你是否经常对那些统一回复谢谢大家的点赞的行为表示大题小做、大为不解？

有必要吗？

有的。

这种统一回复的行为，看上去极其陈旧死板、没见过世面，事实上这才是老江湖平衡人间多年后最不偏不倚的老辣做派。

不要小看朋友圈评论区里的厚此薄彼。

越是细节，越是见分别心。

有时候你一时疏忽，就稀里糊涂疏远了一段关系。

我们常常觉得跟某某明明一直都好好的，但后来处起来总觉得好像跟以前不太一样了，又说不上来哪儿出了问题。

很多时候，一个小疏忽，就能给敏感的人添一份不爽，给自己添一份堵。

03

礼仪二：有求于人的时候，别用假客气给人挖坑。

有求于人不丢人，但有话不直说非要发个“在吗”就惹人讨厌了。

对方帮不帮，真不在于你先挖个“在吗”的坑人家跳没跳。

铁磁儿看到你的“在吗”，就算想帮你，心里也先“咯噔”一下，琢磨你到底遭了多大事儿整得这么隆重。

不熟悉的人看到你的“在吗”，第一反应就是反感，咱俩熟吗？有事不直接说事儿，浪费谁时间哪？用你在这一天天地没分没寸地刺探我啊？有何居心？

关系一般的人，第一反应就是，我还是不在为妙吧。毕竟平常没啥联系，突然发来“在吗”的人，不是要结婚，就是要借钱。

所以，如果你真心想找人求助也好，谈合作也好，就言简意赅地编辑一段话直说吧，有客气的问候，有冒昧打扰的歉意，有简单的自我介绍，有一看就能明白的需求，就齐活儿了。

毕竟，无论对方跟你关系如何，最终愿不愿意帮不帮你，核心还是要冲你的人品可靠度和自身利益所得综合评估后才做出决策的。

社交往来的逻辑，一定不是你一句“在吗”先把人诈出来，人家就一定会不好意思拒绝你。

有求于人还不肯有话直说的人，往往不会被认为是不好意思，而极容易被人误解成太鸡贼。

自找偏见，没必要。

04

礼仪三：不用群发验证，该删你的人自然会删。

有段时间，一天能收到好几条这样的群发消息。

“不用回复，我只是想验证一下你是不是把我删了，群发本条消息，是时候清理你的通讯录了……”

说实话，好多人我都想不起删来，但在收到对方发的这种消息时，我经常会手起刀落给删了。

微信好友不管是几十还是几千，值得长期留在通信录里永不失联的其实就那么几个。

重要的人，你有把握不舍得删你。

不重要的人，删你就让他删呗。

反正有些对话框，你这辈子都不可能再打开了。

有那么几个人在你好友列表里躺尸，没啥好硌硬的啊，又碍不着你四处风流，也碍不着你去赵铁蛋家借宿一宿。

不在乎，无所谓，累赘就谈不上累赘。

那些整天靠群发清一清才能心安的人，才会被删好友这件事所累。

05

礼仪四：跟不熟的人，别动不动就“拍”了“拍”对方。

微信刚推出来“拍一拍”功能的时候，当天所有人都玩疯了。

其实新功能上线的时候，第一时间对你施展魔法的人，大部分都是关系不错的人。

浪潮刚来的时候，大家的感受焦点是，好玩，有趣，互动，刺激，有新鲜感。

浪潮过去了，拍一拍作为常规功能存在的时候，它开始变得稍稍有些微妙。

我听说过的最清新脱俗的是，一个小学妹，竟然用拍一拍去拍了她的老板，因为她交报告了，担心老板看不见，着急改完下班，就“拍”了下去。

结果老板给她的回复是，我不嗜。

啊，隔着屏幕都脖子发凉啊。

不知道你们是否记得QQ聊天时代退出的抖动功能，有时候我们着急让对方发现我们在期待着对方的反应，就忍不住出手抖动对话框。

可被抖动的视觉效果，真不怎么妙啊。

屏幕一抖，天旋地转，人家正在写着文本，一下被你的对话框振到底下去了，思路被打断不说，最糟糕的感觉是有被冒犯到啊。

拍一拍的威慑力虽不及抖一抖，但诉求是一样的——求回应，求点头，求关注，求秒回，求爱我一下。

小情人之间调情，无伤大雅。

平级之间互黑，也说得过去。

舔狗求女神男神关注，拉黑边缘蹦迪。

小透明求老板秒回，穿小鞋边缘蹦迪。

这真不是一个人尽可拍的时代啊。

不会聊天，没毛病，少说两句就完事了。

但可千万别再在对方拉黑你的边缘花式蹦迪了。

能不能拍，啥时候拍，都是分寸感决定的，也就是传说中的徘徊于A数和C数之间的那个数啊，你得有。

03

我站在街角处，不等任何人

爱不是彼此凝视，而是一起注视同一个方向

01

静的手机已经响了大半天了，她一点都没有要接的意思，还把手机屏幕反扣到桌子上，继续在我的厨房削土豆。

我赶紧擦擦手跟她说：“你要有电话先去接就行，土豆我来削。”

她摆摆手，一脸云淡风轻：“不用。”

“你要是不想跟人家继续，就给人回个话说明白不就完了，较这个劲干什么？”

“没必要，说一个字都多余。”

我脖子一凉，这是有多失望，才会说出这样的话。

这世间最极致的失望，大概就是“说一个字都多余”吧。

静是那种特别懂事的姑娘，跟她在一起，永远是她忙着照顾别人，无论她是宾是主，无论跟闺密在一起还是跟男朋友在一起，出电梯永远是她伸手挡住电梯门让别人先出，饭桌上别人谈

笑风生她都会在厨房帮着主人摘菜端碗，一块儿出去逛街永远都是她给别人拿包拿衣服，自己从来不去试。

她谈恋爱，也是这样。

下班后买菜的是她，出去玩提前研究攻略的是她，去邻居家借扳手的是她。

他的男朋友，约会迟到，她说没事；打游戏打得晾她在门外足足站了半小时听不见敲门听不见电话，她说没事；下雨，单位里站满了来接老婆大人的男人，唯独他男朋友告诉她自己打车回来，她也说没事。

她一直很好说话，总是不对任何人提要求，直到生日那天，他看到她朋友圈晒别人送的眼霜，他没说一句宝贝生日快乐，没抱歉说忘了，甚至连个赞都没点，只是在底下评论仨字，“省钱了”。

她突然就觉得到头了，坚决地提了分手，搬走，对方傻了，疯狂求原谅，没用。

一个人攒够了失望，就会决绝得形同陌路。

这个时候你才知道，她对你不要求，不一定就没期待。

02

我们身边有很多宽容的人。

鞋带开了，赶紧跟同行的旁人说，你们先走不用等我；下班后大雨瓢泼，跟同事说不用带我，一会儿雨小了我坐公交车就行；你想去见一下前任，她笑着鼓励你去吧，路上注意安全就行。

但望着你们远去，系好鞋带后站在原地的她依然会怅然若失；看到你的车子开走，她站在房檐下看雨时心还是会沉下去；你从出门会前任的那刻起，她反复在擦着一块已经发亮的地板。

她是说不用，但不代表她糊涂。

当一次次不要求换来的是一次次不在乎后，当失望攒成可怕的不再期望后，一个人就会变得淡漠。

这个时候，你大约就可以滚了。

若默默期许永远掷地无声，对方就会逐渐放低对你的期待，直到可以毫发无伤地让你淡出她的世界。

03

刚毕业时，进入一家公司实习，带我们的老师似乎都很宽容。

他对我们说过最多的一句话，就是：“没事儿，你刚来，做成这样已经不错了，慢慢来。”

有人信以为真，每次交给老师的稿子，都有明显的语病，都带着几个可笑的错别字，你觉得反正有师父给你把关，没人会责怪一个新人，所以你写完也不校对就往上送。

第一次，老师呵呵一笑抢着安慰你：“没事没事，别灰心。”

叫过你来逐字逐句地改给你。第二次，老师抿着嘴说："现在的孩子啊，没以前的孩子办事扎实。"没有叫你到跟前，只是自己默默改过来之后返给你，让你自己回去看看。第三次，他没着急改，开始告诉你今天版面的稿子满了，你的发不了。

直到有一天，你发现，跟你来的同一批实习生，多数已经能独担大任独立采访独立写稿，你还趴在电脑前焦躁地东张西望，没有人给你派活儿，因为对你的水平不放心。

所有人都忙得兵荒马乱，就你一个人闲着，但没有一个人向你伸出援手。

这时你才知道，你被全世界抛弃了。

每一次宽容，其实都带着预期。

预期你下次可以记得住，指望你不再犯同样的错误。

但有的人就是读不懂这种"满怀期待的宽容"，有恃无恐地噬咬着别人的好意，消耗着别人的信任。

当宽容被透支完毕，等待你的就是黯然退场。

04

看过《甄嬛传》吗？

甄嬛在甘露寺那段，不明就里的皇上看到性情一向刚烈的甄嬛突然变得温柔大度，愣是夸"嬛嬛性格温婉不少"。

哪知甄嬛此时已满腹暗箭只等一招要了负心郎的小命。

男人总希望女人居家、大度、不事儿，但那种真正爱咋咋的随便你去哪里的伴侣，要么是短期试探，要么就是真不在乎。

短期试探的人巴巴渴望着被读懂，真不在乎的人随时会甩手走人。

为了让自己下次不再失望，很多人会先放低自己的期待。

但你如果读不懂这种退而求其次的翘首以待，就会跌入万劫不复的尘埃。

谁能忍受永远没有消息的手机？谁能接受永远跟异性暧昧不清的男人？谁又能指望一个永远没有长进的队友？

当她不再雀跃着去看手机消息，当她看你跟其他女人打情骂俏心里泛不起半点涟漪，当她看到你做错了懒得纠正你，这便是心里已经想好了放弃。

《倩女幽魂》里说：

其实做人，生不逢时，比做鬼更惨。

而我想说的是，**其实爱一个人，爱无回应，比无爱更惨。**

不为往事扰，只为余生笑

01

跟几个朋友约在古城一家小馆子吃网红肋排，其间，一个哥们儿的电话一直在响。

他十分冷静地挂断，把屏幕亮的那一面反扣，尴尬笑笑，擦擦手，抓起刚才没啃干净的肋排继续啃。

肋排的酱汁还没浇上去，电话又进来了。

一个急性子姐姐看不过去，眉头一皱，拿起筷子就敲他：“赶紧接起来，跟人家说清楚，不喜欢人家干什么吊着人家，渣男！”

这哥们儿虎躯一震，眼泪汪汪地大喊冤枉，看到我们整齐划一鄙夷他的眼神，他擦了擦手，接起了电话。

还按开了免提。

“谢谢你终于接我电话了，这说明我们还是可以沟通的对吧，我知道你需要时间，我们都需要好好冷静一下，但不要直接说不可能了吧……”电话那头的姑娘带着重重的鼻音，显然是哭过了。

“我说得不够明白吗？我很冷静，我不需要时间，我需要你离我远一点，能听懂吗？”这哥们儿说出这么欠的话来竟然能做到如此冷静。

“我懂我懂，但你别着急说不可能的话，我知道你前任给了你很大的伤害，但你不要因此不想要爱情了……”

姑娘说着说着又开始哭，吓得我们大气不敢出，感觉被这哥们儿的免提将我们强行推到了不仁不义地监视别人不堪遭遇的无耻境地。

“你懂个屁，我不是不要爱情，老子是不要你，跟别人都没关系，我对你没感觉。能听明白吗？要点脸吧！”

挂断了。

桌上加上我有三个女性，愣是被这种真人直播出来的“暴力拒绝”局面看傻了。

几秒钟后，大家纷纷化惊讶为愤怒，磨刀霍霍向“渣男”。

哥们儿赶紧放下肋排讨饶：“姐姐们误会了，不是小弟没心没肺，是这个姑娘太不识趣了，我以前好话跟她说了一箩筐，我也总觉得姑娘家家，再怎么不喜欢人家也不能太伤人心，但你们猜怎么着？不管我委婉着说还是迂回着说，她根本听不进去，魔障了似的。我越拐着弯照顾她自尊心，她越是蹬鼻子上脸没完没了。我不痛苦吗？心软的人就活该被纠缠？我这么跟她说话都是被她逼的。”

一桌人都不说话了，一个姐姐端起红酒杯，猩红着眼睛一声长叹，冰块在一片嫣红中转了又转。

卑微求过一个去意已决的人的姑娘，似乎都在那一刻明白了一件事：

不是不被爱的人不识趣，是她们故意不想听懂你的拒绝。

02

一个大姐近几年生意做得很顺，身边的朋友都知道她发了财，于是平日里不管是交情好的还是关系淡的，只要一想到借钱，就会给她打个电话试试。

大姐性情很温和，很少见到她跟人红脸，这也是很多人都在缺钱的时候会想在她这试试的原因。

大姐跟我说，一开始处理这些事的时候，她真的很为难很尴尬，有些人完全不知根知底，但跑过来借钱的时候又显得熟络得不行，搞得她每次想要拒绝，都会感觉自己像是一个生活宽裕了就变得薄情寡义的人。

直到有一次，遇到了一个神奇的借钱对象。

找她借钱的对象是老家一个村儿里的勉强能沾上一点亲的亲戚，论辈分大姐叫他大表哥。

大表哥说："微信能不能给我转三万先急用一下？"

大姐说："我微信里没有钱啊。"

大表哥说："那你绑定一下银行卡不就行了吗？"

大姐说："我不会啊。"

大表哥说："那你去ATM机上直接转给我也行啊。"

大姐说："我最近用钱的地方也多的。"

大表哥说："你早这么说不就行了，实在不行就先转我一万吧，年底也就还你了。"

大姐没再说话，直接把电话挂断了。

谁承想，大表哥也是个不抛弃不放弃的"有志青年"，迅速又把电话打过来，还能无师自通地给大姐圆场："××（大姐小时候在村里的昵称）啊，你那儿信号不好啊，电话刚才断了……"

"不是信号不好，不是我手头紧。我有钱，而且还有很多钱，不用说三万，三百万、三千万我都借得出来，但我不会借给你，因为跟你不熟，因为信不过你。"大姐说完就干净利落地挂了。

她跟我说，她赚到人生的第一个一千万的时候，感觉都没有那么透气过，就是打完那通电话后，她突然就活透气了。

她还说，她在电话这头被对方一会儿一个要钱的"办法"推着走的时候，莫名地突然想起来自己年轻时候追过的一个男孩子。

那个男孩子实在是太美好了，说话温柔，目光温柔，连拒绝她的样子也极尽温柔。

她跟他说："就算不能做男女朋友，那也要做一个可以一辈子接她电话的人好不好？"

男孩子甜甜地笑着说："好啊。"

毕业后的一年里，她在实习单位实习，每当遇到不开心的事儿，她就会直接给他打电话，他真的像当初答应她的那样，一定会接起来，并耐心地听她叽叽喳喳说完一切，然后挂断，像没事儿人一样继续各自生活。

直到有一天，她又拿起电话来跟他说起自己遇到的一个奇葩客户时，她听到了一个甜甜的女声在电话那头喊他吃饭，一下愣住了，她以为他会解释，或者尴尬，但他没有，一句有关这件事的话都没说，还是像一个满分听众一样在电话那头静悄悄地听她说完。

她终于忍不住了，问他："那女的是谁啊？叫你吃饭的那个。"

他说："我女朋友啊。"

嗓子里好像有一团什么东西堵住了，她说不上话来，慌慌张张地像个被抓了现行的第三者一样赶紧挂断了电话。

当天晚上，她删掉了这个男孩子的手机号，拉黑了对方的QQ号，从此再无丝毫联系。

大姐说："刚开始挺恨他的，觉得他很渣，不明白他为什么不早点说清楚。"

后来大姐也结婚生子了，钱赚到了一些，事业也有了成绩，看多了江湖上的人来人往，尤其是被无数人劈头盖脸地上门借钱了几次后，她突然明白了一件事：其实人家早就说清楚了，是她自己不识趣。

真正可恨的，并不是那些明明想拒绝又不肯说清楚的人。

真正可恨的是，总有人活得特没数，永远不知道在恰当的时机自己滚蛋。

03

借钱的分寸、感情的进退，都是一样的道理。

你总要在别人说出第一句“我微信上没钱”的时候就该知道，想帮你的人东西南北都顺路，不愿意帮你的人总会有各种各样的不方便；你总要在对方发来“在忙”“在洗澡”“在开车”“以后再说”的时候，第一时间礼貌地主动结束谈话，而不是每隔十分钟舔着脸去问对方，忙完了吗？可以聊会儿吗？

知道什么时候闭嘴，知道什么时候滚蛋，知道什么时候忍着心痛别再逼问对方回答你一个愚蠢的问题，都叫作识趣。

认识一个特“识趣”的姑娘，男朋友手机声音一响，不等对方拿起手机查看消息，她早已把头扭向一边。

谁都知道，窗外的风景没那么好看。

谁都知道，尿意并不会总恰巧赶上对方来电的节骨眼。

她们总是能在你尴尬地提出“我还有事儿要先走”的时候，先你一步说出自己要去忙。

她们总是在你说出“回头再说”的时候，主动为这件事画上句号，一句废话也不再多问。

她们总是能第一时间捕捉到别人眼神里的闪躲与言辞中的犹豫。

识趣的人，总是懂事得让人心疼，但她们很清楚一件事。

一件事能不能成的结局，一个人会不会爱你的决定，都不会因为你死缠烂打或识趣离开而改变。

但**识趣的人，至少在大局已定的时候，可以不让对方为难，也不让自己难堪**。

04

所以，有什么呢？

温柔扑了空，才会长记性。

网易云音乐《也罢》里有一句这样的热评：

如果我喜欢你，我会主动往你的方向走几步再走几步，如果你看见我走过来了却没有迎接我的意思，那我就会停下来了。世界上有很多东西我们可以靠艰苦奋斗得来，唯独对于爱情我不想太努力。两个人势均力敌公平又平等地爱与被爱，但愿在这个拼得你死我活的世界里，我能有一份不用努力的刚刚好的爱情。

不要钻牛角尖啊，姑娘们。

不要让爱情死得太难看。

路遥在《平凡的世界》里说："每个人都有一个觉醒期，但觉醒的早晚决定个人的命运。"

虽然辛苦，但还是觉得，那些**识趣一点的人，才能更早地觉醒，才能更早一点有机会遇到一份刚刚好的爱情**。

别用你那短暂的喜欢，来打扰我平静的生活

01

她本来觉得这段感情是无懈可击的，她早就知道他有个前女友。

刚开始跟他谈的时候，他就坦白了。

6年，爱过，同居过，奔着结婚努力过，便宜的925纯银戒指彼此送过，海誓山盟都说过，但兜兜转转还是没在一起。

她喜欢这种开门见山的坦白局，她也有前任，可她的前任在她心里早就是个死人了。

她觉得，在他心里，前任也未尝不是“死人”。

要不然，他为什么选了她要一段新的开始？

但直到她跟他在一起后迎来的第一个她的生日，他一大早就出门了，说晚上一定会陪她走过26岁这一年。

她在家，拿嘴吹爆了俩气球，往生日蛋糕店里打了电话，想着不早不晚地在他进门前一小时再送到家，味道和造型才是最佳的。

可从他出门以后，电话就不接了。

她嗤笑：“这家伙，搞什么呢，神神秘秘的。”

可晚上8点钟，还是没有电话打回来的时候，她有点着急了。先是本能地害怕他出事，发了微信留了言，想着报警又怕因为自己过于冒失闹了笑话，于是去微博上翻翻，看能不能找到蛛丝马迹。

女人的第六感真是神奇，她上来就抓出来一个不正常点赞，顺着那个赞，她锁定了他的前女友。

十分钟前，前女友发了状态：“谢谢你，这些年说到做到。”配图是吹蜡烛许愿的女孩，眼睛里泪汪汪的，生日蛋糕的旁边有一个不小心拍进去的衬衫袖口。

那一瞬间，血都凉了。

那件衬衫她知道是谁的，因为袖扣是她送他的，他说喜欢，会永永远远地戴着。

她苦笑，当初谁能知道这永永远远，也包括跟前任在一起的每一分每一秒。

02

她有点恍惚，甚至怀疑自己穿越到了这个女孩的图文里去了。

他从来没告诉过她，她的生日跟前女友刚好是同一天。

现在想来，当初她说出自己生日他向她反复确认的样子，不是痴傻男孩在通过重复记忆在乎她。

他只是吃惊。

吃惊这辈子都逃不开那个女人的缘分。

他一定是把她身上的小脾气、一颦一笑、穿衣习惯、爱吃单面的煎鸡蛋，都归在了前任头上了吧。

她突然记起来无数次见他望着她傻笑。

她问他："笑什么呀？"

他拢拢她耳边碎发，还在笑："没什么。"

现在她知道了，那些假装没什么的瞬间，都是他在通过她，回味另外一个人。

她自己切了生日蛋糕，吃了一角。

食指挖掉一角奶油，给自己的脸颊上抹了抹，她想抹得狼狈些，惨一些，好等他回来好好算账。

抹完之后，她还是觉得不够惨，于是又开了一瓶酒，一开始慢慢抿，她突然感觉自己这样喝一瓶的节奏不太对，这跟惨不沾边。

这有点像人生赢家在享受人生。

这怎么行呢。

我得换一种喝法。

于是她多开了几瓶酒，掺着喝，喝了好一会儿，肚子里像是有冤魂在深海里挠门，嗓子眼也发紧，情绪终于到位了，她忍不住大哭，手指插在发丝间，扭曲，深入，痉挛。

哭着哭着，又开始吐，马桶边吐脏了，她还是动用着理智扯了一张纸去擦了又擦。

这个家里一直很整洁，他喜欢和她一起做家务，想起这点来她又很苦恼——这样一个爱干净能担活的男孩子，为什么心里这么能装？

一低头，她更伤心了。

不知道刚才挠头是不是挠猛了，她不知道怎么弄坏了周末花了180块钱做的指甲。

小姐姐说做特殊图案上去属于定制了，很费时，所以有点贵。

她大笔一挥，义盖云天地说："贵也要做。"

她美滋滋地想好了，等她切蛋糕的时候，用指甲上带着他小照片的亮片片闪瞎他的眼睛，等他痴痴地问她这是什么的时候，她就恶狠狠地亲他一口，然后摇晃一下这双精心设计过的魔爪，通知他：这就是你这辈子都要被我牢牢抓在手心里了呀。

180块啊，花给狗了，好心疼。

她用另一只手去抠啊抠，抠掉了，也带走了底下光滑的涂层。

她猩红了眼睛大骂："狗东西！你就想鱼死网破吗？那好，那就谁也别想好，凭什么我一个人在这儿哭得跟个孙子一样，你们却在一起你侬我侬地快活？"

她再一次点开了前女友的微博，放大了那张泪汪汪的图片。

03

她突然意识到，这女孩伤心的时候怎么也会如此令人动容？

她忍不住去梳妆台抓来了一个景泰蓝小镜子。

黑黑的眼线，顺着法令纹一路花下来。睫毛膏毛茸茸地堆叠在一起，像是被人刷了酱料的蜘蛛腿。几缕长发翻越了中分线来到了异域，让她想起了被抠掉了眼珠子拼命要爬过北长城的异鬼。

她嘴角一撇，想哭。

可一哭，样子好像更丑了。

凭什么连哭都要赢过我啊。

报复心不知道在哪一刻不经意地熄灭了。

她跌落在床边，整个人蜷缩在一起，像是被人一扫帚打中了的大蜘蛛。

她开始回想热恋时候，他为她做的一桩桩一件件事，心尖滑过一丝抽搐。

为什么啊，为什么有人在发现对方出轨的时候马上就可以决绝地离开，而我偏偏在这里怀念？如果我跟他摊牌，以后还会找到一个比他更好的人吗？

他以前真的是好细心啊，停车的时候会怕她的位置晒烫，然后一定要调转车头重新停。冬天下班的时候总是早早地在她公司楼下等着，然后抓过她的手往大衣里一塞，她的指尖会一下碰到一只正在发热的暖手宝，然后两个人会心一笑。来大姨妈的时候，他总是不让她沾凉水，家里热水管出水慢，他一力承担了刷碗的活。

哎，我要放下他了吗？

她突然觉得自己有点做不到。

于是她想看看那个女人当初是怎么做到的。

她往前翻，疯狂地翻，她终于翻到了一点跟他相关的东西——我要死在这段感情里了吗？

日期是她和他官宣的日子，她和他一起无屏蔽无分组官宣了爱情那天，距离他跟前任分手差不多两年。

她算数不好，但也能算明白这个女人前前后后统共念了他多久。

她自问，是否甘愿赌上八年，等一个男人彻底属于自己。

她一想这个问题就浑身发抖，太可怕了，八年青春就图这点好？

那就划不来了。

她知道，人不该跟爱情算账，但她就是觉得划不来。

若真心好，他会舍得让你往死里等？往卑微里等？往见不得人的黑暗里等？

04

门推开了——他当然不用按门铃，或者敲门，他现在还是这个家的男主人。

她木木地望着他。

他没看她，一脸茫然，甚至还挂着一丝肉眼可见的痛苦。

她还是木木地看着他，她知道他总要给个解释，不接电话，不回消息，在她生日的这天，失踪。

他总要解释一下，他大概率是要撒个谎吧，她已经开始考虑要不要用恶心的表情去戳穿他了。

可他没有。

他突然踉跄到她身边，抱紧她，弱小无助地颤抖着肩膀，说他想好了，她才是他将来要共度一生的人，他跟过去彻底告别了。

有那么一秒，她差点被他选了自己所打动。

还差点被他一如既往的坦白所打动。

可她越过他的肩膀，刚好看到了自己一脸的破败和狼狈，以及那个被她莫名其妙打败的女人的八年青春。

都是拜这个喜欢把一道选择题一做就是很多年的男人所赐。

说来也奇怪，为什么男人口里的爱她，和她感受到的，竟然是两码事。

二选一赢了的女人，也没得到爱情。

他大概永远不明白她为什么突然搬走把他拉黑删掉。

他永远不会明白的。

我很平常，你也一样，但我们是奇迹

01

三天前，有个男读者跟我讲了一件让他很难受的事。

他最近差点跟谈了三年多的女朋友动手了。

一场风暴般的争吵后，愤怒的拳头高高举起，在女朋友双眼紧闭的深邃恐惧中，最终落在了墙壁上，漆面大块小块地落在地板上，手掌关节处的血肉外翻，血珠子汩汩往外冒……

两个人都被这一幕惊吓到了。

女朋友忍着眼泪拿了医药箱帮他处理好伤口后，下楼说去倒垃圾，可此后再也不肯回来。

无论他怎么哀求。

他说女朋友家境比他好很多，总体上来说确实是一个既懂事又很会考虑他感受的好女孩。但当天晚上女朋友跟同事一起聚餐去了他从未带她去过的一家餐厅，他便被激怒了。

因为那家餐厅，他曾信誓旦旦地向女朋友承诺了，等今年拿到了年中分红的奖金，就带她去那家人均800多块的餐厅吃一顿大餐，他认为这是他们之间都该遵守的美好约定，可女朋友却随随便便跟同事去了那家餐厅，让他苦苦期待的惊喜像被扎破的气球般，瞬间破灭。

女朋友觉得，地点不是她主动提出的，她只是遵从了大部分同事的意见，再说了，跟别人去了也不妨碍以后再跟他单独去。

可他觉得，这件事的意义不限于此，他甚至跟我坦白，他感觉自己的经济状况被冒犯了，别人随随便便聚个餐就能去的餐厅，他却要女朋友等一个时机才能去。

女朋友离开三天后，他彻底冷静了下来。

不等别人泼冷水，他就知道，一切都是自己的自卑在作祟，一切都是自己的错。

“轨姐，我知道自己差点动手的样子吓到她了，可我最后一秒还是控制住了，我虽然现在条件有限，但真的是把自己能给的都给她了，为什么给了别人那么多好，到最后她只记住了我偶尔一次不太好的样子呢？”

我问他：“你这三年里除了这一次差点打了她，其他吵架的时候你都怎么发泄的？”

他很紧张地解释：“我真的只有这一次差点动手，其他时候我气急了只会去摔东西。”

我从他口中得知，这些年，他们在一起，他摔过甚至砸过的东西有：电视机、手机、iPad、女朋友的化妆品、送给女朋友的陶瓷娃娃……

我忍不住告诉他：“你这真的不是偶尔一次不太好。”

他承认自己易怒，但还是理解不了女朋友就这样手机关机一走了之的行为，问我为什么女人可以这么绝情。

我说：“不是绝情，只是太辛苦。”

跟易怒的人在一起相处真的很辛苦。

易怒的人满嘴都是爱，可跟你相处的人满身都是伤害。

02

易怒的人，身体里住着另一个自己。

两年前，一个女孩向我请求通过电话付费的方式为她做一次情感咨询，因为当时觉得自己并不是专业的情感咨询老师，这也算不上是我的专业所在，万一没解决人家的情感诉求，人家女孩子本就挺伤心的，再让人破了财，不道德，所以同意让她跟我免费通一次电话，我尽自己所能地给点朋友式的个人建议。

经过那个女孩的描述，我才知道了什么叫不折不扣的深陷。

她喜欢的一个男孩，他长得很好看（据她描述，没给我看照片），身高有183cm，跟她交往了差不多四年多，两个人知根知底，一起旅行拍过很多令人艳羡的照片，他会把自己工资卡上所有的钱都交给她管，会因为她半夜说想吃冰激凌了就趿拉着拖鞋穿过三个街区狂奔着给她买回来，天气冷了会像个老父亲一样叨叨她穿秋裤，会在她的手烫伤后跟着视频里认认真真学习怎么给女孩子扎丸子头……

但也会因为她进门没有把鞋子摆正在他要求的位置上而破口大骂，也会在两个人吵架后问候她全家诅咒她去死，还会在吃着饭的时候一句话没说到他的意思上就把桌子都掀翻……

把人往死里爱的人，是他。

把人往死里整的人，也是他。

她说，结婚这件事，男朋友跟她提了几次了，她还是有点犹豫，她怕错过了这样对自己万般宠溺的大男孩就没有下一个了，但也隐隐觉得他性格里有一些东西她还没了解到全貌。

便问我，该如何看待这种性格的人。

我说，如果是我，我可能不太有勇气跟这种人一起走进婚姻，原因是我比较怕死。

因为这种是典型的易怒性格，如果自控力不够的话，时间长了百分之百会转化成家暴。

但又不能绝对化这种人就是渣男，就是一无是处的混蛋。

因为他们情绪没有上头的时候，真的是一个无懈可击的暖男。

他们之所以一会儿要把自己的全世界都给你，一会儿又恨不得说出让你出门就让车撞死的狠话，是因为他们身体里住着另外一个自己。

总有姑娘觉得，自己可以特别到帮助他控制住暴怒情绪。

但我想说的是，**易怒的人脾气上头的时候，他们连自己都控制不住自己**。

纯粹的好男人和纯粹的渣男都不会让人纠结犹豫。

真正让人明知是油锅还是忍不住想要伸进手去的，往往就是这种性情不太稳定的对象。

这种情况，我想说的是，确定自己能够承受最坏的结果，再去做选择。

03

易怒的人，处处都是雷区。

正常来说，每个人都有自己的雷区。

比方说，很多人喜欢在跟对方确立关系的时候，跟对方讲清楚自己的底线，过了半夜12点不回家就算是夜不归宿，跟自己交往的时候喜欢上了别人一定要让自己知道，可以有异性朋友但不可以出去乱认绿茶做妹妹，不能把臭袜子带上床，脱下来的衣服一定要挂起来……

总体来说，性情平稳的人，都会有自己不可侵犯的底线。

这种底线，也叫作雷区。

大家的雷区虽然千奇百怪，但都能一板一眼地说清楚。

你踩了，说明你明知我会翻脸还是故意做出了伤害我的事情，那我们反过头来掰扯的时候，道理也说得清。

而易怒的人，雷区就没有这么清晰了。

甚至很多易怒的人，处处都是雷区。

道理有点类似于，情绪平稳的人，法无禁止皆可行。

而易怒的人，他说过不可以的与没说过不可以的，很有可能，都不行。

但他自己又没办法提前把雷区画出来让你避着走，只会在你一脚踩上的时候，瞬间情绪失控，做出连他自己回想起来都后怕不已的事。

也就是说，你们的相处模式是接近于试错模式的。

而最大的问题，不是试错完毕后排除法算出来对方的哪些情绪地带是安全的。

最大的问题在于，对方的题库一直在更新，你有可能这辈子都无法完成排雷工作。

易怒的人也不是故意要累死自己的另一半，只是他在解决自己的情绪问题之前，题库无极限这件事在他这里就是无解的。

04

易怒的人，一点小事都会被无限放大。

跟易怒的人共处，无论是处对象，还是共事，都会逼迫着队友不停地察言观色、如履薄冰。

上一秒如沐春风，下一秒面目狰狞。

一点小事都让易怒的人暴跳如雷，明明有很多解决途径能够化解当下的僵局，可因为你跟他在共识的某一点上弄拧了，他们就会无限放大这一点，以至于没办法像平常一样思考。

你说小李排的值班表是照顾了大部分人需求的结果，他说你在针对他一个人。

你说结婚请帖没给新来的同事发是因为大家还不熟，怕给人造成不必要的负担，他说你就是瞧不起他。

……

你说，跟这样的人在一起相处，累不？

易怒的人，说话总是冷不丁带着攻击性，要么就突然说话阴阳怪气让气氛变得怪异。

他们无法带着情绪处理工作，这就意味着所有人必须要放下手头的工作先要帮他平复情绪才能顺利启动他的下一道程序。

而**现实的残酷是，很多人没有耐心去解决别人的情绪，对他们来说，最划算的解决办法是，下一位**。

所以，易怒这件事，最根本的解决途径，还是要靠自己。

你只有从根本上充分接受这个世界一定会有时候和你想的不一样，你才能不伤人，不被伤。

我很优秀，不适合做你老婆

01

我朋友跳跳看完最新一季的《心动的信号》后，告诉我她终于确定了一件事——她肯定是这辈子都不会被爱了。

我被她突如其来的武断与沮丧搞得一头雾水，为了精准切入痛点，帮她重拾人间有真爱的信念，我找了一个晚上用倍速刷完了她说的这档节目。

看完我立马明白到底是咋回事了。

顺位2号出现的那个叫钟钟的女孩，真的是跟她本人有几份相像。

钟钟，工作好，收入高，身材好到穿吊带都看不到任何令人尴尬的赘肉，情商高到走到哪里都不会让对方的话掉地上。第一天她并没收到男人的心动短信，还能落落大方地反过来安慰另一位自我怀疑的姑娘，大家初次见面尬在屋里的时候，她会主动搜索屋里好玩的东西，带大家一起加入一个游戏快速互动起来，几乎所有的男生对她的评价都是，走到哪里，只要钟钟在，都不会冷场。

我朋友跳跳，几个人聊天的场合，她永远是那个主动cue（肉络热词，指转接）到受冷落小姑娘的知心姐姐；加班到太晚的时候一定会挨个儿送几个柔弱自居的小姑娘回家，然后自己孤孤单单地驱车回家，穿衣有品，赚钱有道，极少主动给人添麻烦。

可就是这款犹如春风拂面的独立女孩，在那档节目里，完全没有男孩子喜欢，在现实生活中，经常让男孩子望而却步。

虽然节目到了最后一集，勉强跟一个男孩子完成了互选。

但看完之后，你还是忍不住感慨，走哪儿都不会冷场的女孩子，如今人间真的已经不欢迎了吗？

02

为了搞清楚这个问题，我跟大猪蹄子1号代表慕容铁蛋再一次进行了十分功利的探讨。

慕容铁蛋见我义愤填膺略有丧失理智之势，勉强答应我看一集他不以为然的综艺再跟我聊聊这事儿。

结果慕容铁蛋看完之后求生欲极强地表示，他认为男孩子们瞎了眼，才会打破头都去喜欢同一款女孩，然后把钟钟这样的女孩又爆夸了一番。

我见他大有不敢说真话之意，便赶紧告诉他，这一切仅仅是学术探讨，并不会产生不良后果，也不影响哥们儿情谊，有什么想法但说无妨。

慕容铁蛋见我广阔心胸又重回视野，便试探性地问我，真就但说无妨？

真就。

于是慕容铁蛋说了一番令我脖子发凉的话。

他给我打了个比方，相当于换位思考。

如果一个男的，上来就能把你照顾得妥妥帖帖，你一个眼神他知道你要啥，你一皱眉头他知道你不吃啥，他用有趣的灵魂几句话就可以把你逗得花枝乱颤，你会马上接纳他吗？

我承认，那一刻，我实打实地犹豫了。

因为我第一反应不是，啊，山水轮流转，终于给本宫遇上个严丝合缝的尤物了，而是，他这么会，是不是因为撩了一火车姑娘才学会的？

你看，人类在眼缘这件事上，真的是很狭隘的。

容貌相差无几的前提下，天然格局上，总是话少恬静的姑娘比较有开局的优势一些，那些开朗自信善于Social（交际）的热情姑娘反倒吃亏。

女孩子可能会红着眼睛呛一句，难道男人不知道，好多看上去柔柔弱弱清纯可爱的“小白兔”其实骨子里都是“绿茶婊”吗？

亲爱的，相信我，他们知道的。

但他们不在乎。

男性思维对陌生女性的第一认识里，总是无法避免·种惰性——他们要自以为是地选一盏省油的灯。

03

大猪蹄子2号代表西门来福（请原谅我给他们都以化名的形式出现，毕竟他们还想活命）比慕容铁蛋说话更要直接一些。

他说，他不喜欢所谓的独立女性，总感觉他们劲劲儿的。

他相亲就遇上过一个姑娘，中间人摆她的条件时，样样都听着顺耳，可见了姑娘一面后，样样又不顺眼。

西门来福说，那次他很不道德地尿遁了，但他还算有底线，尿遁前把账悄悄给结了，后来人姑娘硬是把另一半的钱给他退回来了，然后一句话不说就给他拉黑了。

我只想说，拉得好！拉得妙！

西门来福后来跟我讲述的原因是，女孩子太不接地气儿了，动不动跟他谈理想，说诗和远方，讨论最近在读的黑格尔的《小逻辑》，聊自己的工作上的那些事儿，他觉得自己的段位跟不上女孩子的视野，索性早早打了退堂鼓。

我听得怪生气的，人间竟然还有这种无聊又龟毛的劝退理由？

跟你聊工作和理想又不是跟你聊武藤兰，你有啥好怕的啊，我真……

西门来福说："不是我㞞，主要是因为这姑娘一看就是见过世面的，不是我等凡人能Hold（网络热词，指掌控）住的。"

我这一口老血。

什么时候，见过世面成贬义词了啊？

不过也好。

女孩子读书看世界有好的谈吐能不冷场，就是为了遇见同样喜欢读书看世界愿意往内心世界里走一走的更优秀人群。

至于你们，我呸。

不复相见那是最好的。

你就祈祷尿遁的时候别让我无敌小轨遇上，否则我可能有办法吓得你尿分叉、尿不净或者这辈子都尿不出来。

有啥不能好好说啊。

读书看世界自己独立惯了的女孩子，解决问题的方式肯定不是上来就给你把狗腿打断啊。

不合适要正面说。

真正独立的姑娘，都喜欢明确，要么你明确地走向我，要么你明确地拒绝我。

请不要用那些自以为是的"委婉"，去给别人心里种满莫名其妙的自卑。

04

女强人设的女孩子，是不容易遭人怜爱的。

你什么都可以，男生就觉得自己对你没啥保护欲。

因为你看着就比他能给的要多一点。

多一点聪明，多一点善解人意，多一点从容不迫，多一点不偏不倚，多一点平和大气，多一点承受能力。

男人换算到自个儿身上，有时候就会变成莫名其妙的压迫感。

这还挺悲哀的。

女孩子越是找不到合意的人，越是想着把自己变成更好的人。

男孩子越是见到太过从容的人，越是想着她到底经历了多少人间不悦才历练出来这副刀枪不入的张弛有度。

那些不喜欢通过一个甜笑来换取东西的姑娘，都热爱上了自己能解决的事儿绝不麻烦别人。

她们似乎无所不能，但也不是什么都不想要。

她们想要什么？

太宰治在《二十世纪旗手》里写过这样一段话：

“我要的并不是全世界，也不是百年的名声，我要的只是一朵蒲公英般的信任，一片野茉莉叶子般的慰藉，却因此终我一生，任其蹉跎。”

我觉得，要的这些东西拿来形容这些姑娘是贴切的。

她们大杀四方不是为了得到这天下，也不是为了名扬天下。

这蒲公英般的信任，是我如云漂泊后偶遇到你后你对我描述过的家，那野茉莉叶子般的慰藉是无论我表现得多坚强你都会穿过人群走向我的那副肩膀。

只不过，他把结局写得太悲观了。

女孩子平和淡定、自如大气，不是出于为别人考虑而生出来的，而是为了保护自己而不得不长出的铠甲。

总有幸运的男孩子偶然去她寸草不生的心里走过一遭后，会收获到一个万物生长的奇迹。

这奇迹，是你的，也是她的。

要好好珍惜哟，幸运如你。

走想走的路，爱想爱的人

01

忘了具体是哪一年，我陪一个妹子在周末的午后看了《半生缘》，她欢欢喜喜地把炸鸡柳放下，猛灌下一大口生啤，用纸巾擦了擦油光光的手指，滑开手机更了自己的个签：

我要你知道，这个世界上有一个人会永远等着你。无论是在什么时候，无论你在什么地方，反正你知道总会有这样一个人！

然后6年过去了，她的个签从未变过，也从未找到过那个想嫁的人。

前几天，她脸色煞白地单方面挂掉了一通她妈妈的电话。

因为她老家的表妹，相了一个条件相当的人。只一个月的时间，两个人就把见父母、看日子、给彩礼、定酒席等一系列的事儿给办完了。

表妹比她小了整整5岁。

她妈妈看了眼红，嗓子眼发酸，便打电话向她抱怨，别人差不多就能结婚，为什么你就不行？

她觉得她妈妈突如其来的牢骚发得很愚昧，却又实在懒得来来回回跟她辩论。

她知道，就算辩了，也辩不赢。

她妈妈没话反驳的时候，就会语重心长地忠告她："等你将来老了，看你一个人怎么办！"

她翻来覆去睡不着，刷手机看到自己个签，苦笑一声，想起了我。

就发来消息，向我吐槽道："这都叫什么事儿，表妹前几天还在微信上把这段相亲经历当笑话讲，现在就要跟人结婚？她把婚姻当什么了？"

我叹道："其实对很多人来说，彼此不讨厌就可以结婚了。"

她错愕极了，一再确认是不是我本人在打字。

因为她感觉我突然变得极其不文艺了，甚至怀疑我感情上一定是受了什么极大的挫败，才说出这么污蔑真爱的话来。

我当然不是在污蔑真爱啊。

好吧。

反思了一下，换句矛盾更集中的话来说，我们之间讨论的核心其实是，30多岁的年纪，该不该找个人结婚，哪怕不爱？

02

在讨论这个话题之前，我想先试着解答妹子对于表妹“草率结婚”的困惑。

为什么有人接受婚姻的态度与标准会让你感到匪夷所思？

原因可以归结为，**每个人结婚都是在考虑自身需求**。

1.任务需求。

自己理不清感受，也说不清楚想找什么样的，于是找个人完成父母使命，商业联姻如此，门当户对也是如此，大家觉得好，自己便觉得好，反倒轻松。

2.生理需求。

对于给了自己性启蒙与愉悦性体验的另一半来说，很容易就被一个人刻画成自己的真命天子或真命天女。就像日剧《恋之运》，十几岁的少年遇到了三十出头的风韵女人，此生难忘，眼里再没别人了，很要命。

3.物质与外形需求。

就是缺啥补啥，找人添补。

自己165cm，就一心找个170cm的姑娘来给下一代找个保障。

自己从小没吃过鲍鱼，长大了没擦过海蓝之谜，就想找个能让自己擦着海蓝之谜天天吃鲍鱼的五好青年，不限身高，不限年龄。

4.感受需求。

有个做设计工作的朋友，就有过一次令我等俗人匪夷所思的择偶更迭。哥们儿的前任是个模特，约着一块儿去看过画展，特漂亮的一个姑娘，漂亮到什么程度？大街上熙熙攘攘人头攒动，只需一眼就能把她从人群里拎出来。后来娶的这个呢？哎，客观来说，有点像穿搭不讲究身材臃肿的大妈（不是恶意攻击，是真的是……已经描述得很客气）。一开始我们也都纳闷儿，是不是这哥们儿被前任甩了哭坏了脑子，后来跟他老婆吃了一次饭，突然了解了他为什么会选择跟这姑娘走进婚姻。

相处模式太松弛了。

几点下班不管，跟谁吃饭不管，辞职换工作不管，买游戏装备不管。

有人就是觉得，婚姻几十年，舒服最重要，弄个漂漂亮亮整天跟掐死鱼一样掐着自己命门的女人结婚，生不如死。

哦，对了，那些非谁不可的固执和死等严丝合缝的真爱至上人群，也是这一卦的。

我就是。

一开始我就是觉得是别人都看不懂爱情的真谛，后来发现，其实只是需求不一样。

人与人对婚姻的理解不一样，需求就不一样。

所以，也别总觉得自己宁缺毋滥一直单着比那浑浑噩噩过日子的高尚到哪儿去。

大家都是在凭着自己的理解去服从爱情的逻辑。

03

以前看《重庆森林》，特钟意那句：每天你都有机会与别人擦肩而过，你对他也许一无所知，不过也许有一天，他会变成你的朋友或知己。

可后来我发现，这句话倒过来竟然也是成立的。

每天你都有机会与别人擦肩而过，那个人可能会变成你的朋友、知己甚至是严丝合缝共度一生的人，也可能，他就只是一个跟你擦过肩的人。

换句话说，这天底下，是一定有一个跟你严丝合缝的人在你看不见的角落生活着的。

也许，他跟你生活在同一个城市、同一个小区、同一栋楼。

甚至，你俩还在某个风和日丽的下午打过照面。

你下楼买冰棍，碰上他下楼取外卖，你俩都兴冲冲地，咻！

天爷！撞上了！

你看了看地上蜿蜒向远方的冰激凌黏液，皱着眉头，骂了一句，有病吧。

他看了看照烧鸡盖饭里唯一的一根鸡腿滚落在地，附近的蚂蚁伸出触角开始歌唱《感恩的心》，他恶狠狠地瞪了你一眼，暗暗咒骂。

这就是真爱的荒诞。

你们明明都爱嗑恰恰的绿茶瓜子，你俩都喜欢昆德拉的小说和萨特的戏剧，你们都喜欢在雨后站在阳台等彩虹跨越天空，你们就住在彼此目光可及的地方，你们身上穿着同品牌的衣服。

你们符合彼此全部的择偶标准，但只是在下楼的时候，擦了一个不合时宜的肩。

英国沃里克大学有个叫彼得·巴克斯的小伙子在发表的论文《为何我没有女朋友》中，用数学方法算出找到适合人生伴侣的概率。

这个公式告诉我们，人类找到真爱的概率是28.5/10000。

气人不？

原来纵使不隔山海，想要白头到老的人也是很难遇见的。

04

看过《玻璃樽》吗？

人生下来的时候都只有一半，为了找到另一半而在人世间行走。有的人幸运，很快就找到了。而有人却要找一辈子？

嗯，是的呢。

你跟真爱讲公平？

消停点吧。

把别人闪婚答应下来的结婚对象给你，你要吗？

没啥公平不公平的，每个人抵达自己终极理想对象的道路，本就是截然不同的。

再说了，就算我在这上蹿下跳巴巴说一通，也改变不了你对真爱的理解与坚持。

就像王尔德大佬说的那般：“**烫痛过的孩子仍然爱火**。”

04

今天一定要过好，因为明天会更老

跟孩子谈钱，宜早不宜迟

01

令人诧异的荒诞，每年都在发生。

5月11日，陕西西安的一名环卫工李女士取钱时发现钱没了，查询流水才发现，“蒸发”掉的钱，全用于游戏充值，一番查证后，李女士最后发现是12岁儿子偷拿了她的身份证和银行卡，不断充值花了近3万。而手机借给儿子的原因，是因为儿子要上网课。李女士说，自己月工资2700，这些钱攒了6年，是给孩子上学用的，孩子挥霍掉了学费，母子两个吃饭都成了问题。

每次看到这种新闻，都觉得好气啊。

发生这种事情，到底该怪谁？

怪网课？怪游戏平台不分青红皂白地光知道收钱不问钱的来历？

你要硬扯，哪方面都能扯上一些责任。

首先直播平台监管不力这件事早就该有一个规范化的解决方案。

可是，这都12岁的孩子了，连偷着绑定银行卡这种事儿都做得溜了，再拿着“孩子不懂事”的幌子来一笔勾销家长与孩子的自身责任，说得过去吗？

我们当然应该支持游戏公司查证未成年事实后，能够理性把这笔钱退还给这样一个挣钱不易、养娃不易的家庭。

可这类事情近年来层出不穷，光是出了事喊冤、喊家庭条件不好、喊孩子不懂事一时糊涂，根本不可能避免“熊孩子”下一次又一时兴起一夜间毁掉你多年经营的家。

来看看近几年令人触目惊心的熊孩子打赏门：

15岁熊孩子，玩QQ音乐，看直播打赏主播20万，妈妈发现钱没了，儿子也没了，找了20多天，孩子找到了，孩子告诉她，因为怕挨打，所以跑了。

9岁孙女糖糖，把家里的10万元彩礼全部打赏给一位主播。

10岁男孩，把用于父亲丧葬费的5万元，全部打赏给了主播，而他的妈妈此时还患有直肠癌。

14岁的小彭通过支付平台，偷偷把父母缝了十年牛仔裤赚来的16万多元存款统统打赏给了直播平台女主播，女主播随便一句“么么哒”就能让他很开心。

……

看完这些触目惊心的“熊孩子”打赏事件，最让人吃惊的，不是一个孩子能在直播间挥霍出去这么大金额都不在怕的。

最让人吃惊的是，到底是什么原因，能让一个出身如此拮据家庭的孩子，成千上万的花起钱来竟然可以做到眼都不眨一下？

我们以往的固有观念，是穷人的孩子提前分担家庭重担早当家，是地主傻儿子才会大手大脚没有金钱概念。

可如今，我们看到的，竟然是这样一番让人心酸的普遍现象：

家里爸妈这辈子都没坐过飞机，但如果孩子说要开拓视野、说走就走周游世界，二话不说就点钱。

家里父母患病在床不舍得打进口药让自己少遭点罪，但孩子如果张嘴要大几千的AJ13鞋子，二话不说就要塞钱拿下。

如此以来，孩子以为家里的钱是大风刮来的也很理所当然。

很多父母秉承一种理念，自己当牛做马吃糠咽菜都没事儿，但一定得让孩子吃好的穿好的玩好的，不能让孩子被人瞧不起。

本来这些品质，是非常伟大的父母之情、舐犊之爱。

但偏偏却就是因为父母这一代人太能扛事儿了。

总觉得，大人跟孩子谈钱太残酷；总认为，跟孩子说挣钱多难会给孩子压力。

但是，真正的残酷是，你不跟孩子谈钱，孩子就不觉得你当牛做马起早贪黑到底有什么了不起。

所以，他们才会一次又一次地做出这种拿着父母救命钱与血汗钱打赏陌生人的荒诞之举。

不给孩子从小树立正确的金钱观与消费观，孩子永远不知道，钱对一个家到底有着怎样的意义。

02

模糊的金钱概念，会让孩子缺乏家庭格局的共情能力。

心理学家曾对100名3~8岁的儿童进行过调查，询问他们的钱是从哪里来的。

得到的最多答案是“钱是从爸爸妈妈的兜里掏出来的”；其次是“钱是银行给的”；再次是“钱是售货员给的”；只有20%的孩子说，钱是工作挣来的。

很多孩子，从小对于金钱的概念就很模糊。

因为孩子在家庭中扮演的角色，就是花钱。

尤其是现代家庭，大部分脱离了物质匮乏时代，花钱的层次差距就变成了生活品质的区分，但小孩子对于生活品质没有太直观的理解。孩子们普遍的关注点是，好玩。

当他们在虚拟账户里疯狂充值的时候，甚至不太能意识到，一个数字背后到底意味着什么，更不可能把这些钱去等同于父母数十年如一日地在地里汗流浃背，也不会联想到为了挣这俩钱父母在公司给人当三孙子一样受了多少憋屈。

他们在直播间看到自己打赏完主播疯狂被cue（网络流行词，指转接）到的时候，就欣喜地默认为，随便一个数字竟然就能换来学校课堂上不可能取得的关注。

没有比这种操作更“廉价”，更轻易的“买卖”了。

他们不明白，好玩背后的代价是什么。

他们不了解，什么是钱，钱又是怎么来的。

如果父母不身体力行地去帮助孩子认识金钱的来源，家庭对于金钱的日常支配需求，以及家中收支状况，他们就很难理解，自己一番操作猛如虎后，家长为何要如此死去活来地想要薅他。

我们小时候的大部分小孩，被爸妈派去打酱油，回来剩下5毛钱，都要一五一十地上交，不敢私自买了冰棍。

为什么？

因为80后、90后的小时候，多数还处在经常被父母使唤着干这干那的时候，去压面条，去打酱油，去帮你爹买包烟……这些简单而务实的金钱换物的交易模式，是孩子实实在在参与过也了解过的。

时间久了，我们会知道，哦，街机游戏厅里两个5毛钱卖一个游戏币，自己几分钟就厮杀完活了，但一斤酱油也是5毛钱，够全家人炒菜入味一周的。

如果家里条件不错，就不必考虑5毛钱是用来打酱油还是买游戏币，如果家里就剩5毛钱的余地了，有正常共情能力的小孩，就会慎重掂量掂量这有限的钱该如何花更符合家里的状况。

而如今的网络支付时代，我们带着现金出门办事的机会少了。

逢上买东西，伸出手机扫一扫，孩子看见了，还以为里边有个造钱的财神爷源源不断地造福人类哪。

这就是为什么孩子会出现一种令人诧异的金钱认识：13岁儿子玩手游7个月花10多万后告诉爸爸，他以为这些转账都是虚拟货币，所以才会大笔大笔转出去。

但支付方式的改变，并没有否定金钱的存在。

数额背后对应的付出形态，一直都在发生。

只是，我们过于低估孩子能够正确认识金钱、并树立健康消费观的年龄节点，而导致孩子虽然清楚父母的职业，了解自己的家境状况，但就是很难把一个数字跟家里的情况联结起来做出合理判断。

03

跟孩子谈钱，宜早不宜迟。

很早之前在网上看到过一张犹太家庭财富教育时间表：

3岁：父母开始教他们辨认硬币和纸币。

4岁：孩子要学会简单的计算。

5岁：让他们知道钱币可以购买的东西、钱是怎样来的。

7岁：看懂价格的标签，培养“钱能换物”的观念。

8岁：教他们去打工赚钱，把钱储存在银行里。

9岁：孩子要能制订一周的支出计划，购物时知道要比较价格。

10岁：懂得每周省下一点钱，以备大笔开支之需。

12岁：看穿广告包装的假象，设定并执行2周以上的开销计划，懂得正确使用银行业务的术语。

据统计，诺贝尔奖得主22%是犹太人，这个获奖比例是其他民族的100倍。全球最有钱的企业家，犹太人占比近一半。

那些重视如何与孩子谈钱，并循序渐进地树立孩子健康的消费观与金钱观的民族与家庭，往往不太容易养出来一个“白眼狼”式的毫无共情能力的孩子。

很多家长羞耻于跟孩子谈钱，怕玷污了孩子单纯烂漫的心灵。

但事实偏偏却是，**你越是不给孩子谈清楚钱是怎么一回事，长大后，孩子就越可能拥有扭曲的金钱观却不自知**。

就是，所有人都为他的消费方式感到惊诧的时候，他自己却感觉不到任何不妥。

前段时间，上了热搜榜的当代年轻人的消费观是这样的：

口红200块，买！

一双鞋5000块，买！

一本书20块，放购物车里长毛了也没生出来买回来看看的勇气。

别以为大学生、小青年们为了换iPhoneX去裸贷能比小朋友在直播间大手笔打赏主播精明多少。

这不过是这些年流行起来的精致穷罢了。

你说，是裸照换5000高利贷的人更精明，还是花十几万换几个屏幕里的么么哒精明？

只要孩子小时候既没见过父母的消费方式，又没人跟他谈过钱是怎么回事，哪怕开开心心长到年纪一大把了，也是一个随时可能干出几件惊天地泣鬼神的事儿来，让你做梦都能哭出声儿来的败家老爷了。

04

没有经济能力的年龄，都是父母在帮你负重前行。

成龙曾在一个节目上讲自己如何“治”儿子房祖名的。

房祖名刚从美国回到香港的时候，跟父亲成龙一人住一个独栋，成龙每天看到儿子住的那栋房子灯火通明的，但人却出去了。

于是，第一天，第二天，他都去帮他关掉，并提示他人不在的时候要关灯。

结果依然不奏效，于是成龙马上给电力公司的人打电话，花钱请人把自己这栋房子与房祖名房子的电路剪断，并单独在房祖名房子里装了独立电表。

并严正表示，出门不关灯，浪费我的钱，浪费国家的电，以后你自己交电费。

那栋房子里从此便人走灯灭了。

富人连独栋别墅的钱都不缺，会缺几毛钱一度的电费吗？

人家当然不缺，但做父母的，无论贫穷富有，缺的都是让孩子认识到生活不易的价值观与金钱观。

不久前在一家餐厅吃饭，邻桌坐了一个爸爸，带着一对双胞胎儿子，吃完饭后，其中一个（应该是弟弟）孩子急急忙忙地擦好了嘴巴，兴奋地说：“爸爸，这次是不是轮到我买单了，上次是哥哥买单的。”

然后爸爸就拿出钱包和手机来，交给弟弟。

自己悠闲地跟哥哥一起喝饮料等着弟弟。

过了一会儿，弟弟买单回来，跟倒豆子一样汇报这次的花销费用：“老板有二维码，所以我用手机付的。爸爸支付宝里有红包，我领了一个，就扫了支付宝的码，老板打完88折，再扣除支付宝里的0.28元的红包，我们一共消费了236.44，人均约等于79块，最贵的一道菜是烤鸭，是爸爸点的，但我觉得我这次可能失误了。”

爸爸听完一脸认真地问：“为什么这么说呢？”

小孩说：“我觉得我如果用现金结算的话，老板通常会把4毛4给我抹掉，但我为了省支付宝里的2毛8，选择了支付宝支付的话，那我这4毛4还是要付的。”

我在一旁被小孩斤斤计较的懊恼样子都快逗笑了。

但孩子爸爸还是一本正经地给他分析：“话也不能这么说，抹不抹零也是未知的，万一人家不愿意给你抹零，那你这个方案还是为咱家省了钱的，况且我们如数给人家钱，不占人便宜，老板也会高兴一整天。”

小孩一听，马上开心地跑着跟哥哥击掌“耶”了一下。

很显然，这个爸爸在很早之前，就制定了让兄弟俩轮流买单的规则，但买单不仅仅是不管不顾地把钱花出去完事，还要通过吃饭买单这个环节，自己回来向家庭成员总结这一餐的总体开销情况，人均花销状况。如果此次人均花销过大，我猜他们还会一起复盘原因出在哪儿，这也是为什么小男孩会在汇报情况的时候主动汇报最贵的一道菜是什么，并且在孩子以金钱为唯一导向来判断自己决策是否正确的时候，爸爸会及时从正面鼓励孩子金钱的不唯一性，不跟人计较抹零的小钱会让别人高兴顺气，这种小钱也是花得值得的。

不愧是一位超级智慧的爸爸。

其实现实生活中，有很多涉及钱的场合，是适合带孩子参与进来的。

孩子年龄小的时候，可以只负责花钱不负责挣钱，但一定要让他知道父母在怎样赚钱，更要明白钱的逻辑。

孩子该知道的钱的基本逻辑，至少有三点。

1. 父母只能给你能力之内最好的，不代表你想要啥就理所当然得有啥。

不在家境承受能力之内的东西，拒绝。大人都知道天底下有些东西就是自己这辈子得不到的，凭什么小兔崽子说要星星你就得一把年纪了往梯子上爬？不是咱不配得到，是你想要，可以，以后通过自己的努力去实现。

2. 钱可以花，但要知道花在哪儿。

正确的金钱观不是向娃灌输因为家里穷，凡事都要收着。而是该花的钱就花，不该花的就别花。如果当下的主流进阶需求决定着学习资料比游戏币更重要，那么在有限的预算里要做出理性的倾斜与舍弃。这没什么对不住孩子的。

3.无论家里穷还是富，每一分钱都不是大风刮来的。

看你出门上班，孩子闹着不让你走，质问你我重要还是工作重要的时候，你就该让他明白，正是因为你更重要，爸爸妈妈才要去工作赚钱，因为不工作就没办法买你喜欢的佩奇公仔、汪汪队奶奶片，也没办法再带你去游乐场里去玩。因为这些东西，样样需要钱，而钱的来源，就是爸爸妈妈去工作。

没有经济能力的年龄，都是父母在帮你负重前行。

无度攀比的虚荣心，都是爸妈在起早贪黑地玩命帮你买单。

我们不跟孩子谈钱，孩子就永远不懂什么叫生活不易。

德国汉堡大学心理学教授迈尔思提出，正确运用金钱的能力、了解匮乏与金钱极限的能力、处理物质欲望的能力。培养孩子这三大财富能力，才是留给他们最有价值的资产。

愿我们将来留给孩子的，是财富能力，而不是一堆令他短暂狂欢却不知所以的人民币。

你要好好感谢你自己

01

三棍子打不出一个屁。

王大蛋是一位多次经历情场失意的女孩子，她说上次看到了王大丫的故事后深受启发，主动找到我询问，有没有可能，她也可以给我的粉丝分享一些情场上踏着滚滚炮火换来的教训。

我说："可以是可以，但能不能你别给自己起名叫王大蛋，总觉得有一种性别混淆的杀气在里头。"

王大蛋说："就用这个吧，毕竟王大蛋比王大丫更硬茬子一些，还带着一点点不易察觉的反讽之意。"

王大蛋女士说，她曾在自己漫长的单身岁月里偶然谈了那么两三场不太成功的爱情，当她偃旗息鼓地败下阵来时，惊恐地发现，自己遇上的这两三位人生过客，脾气性格竟是惊人的相似。

印象最深刻的，是第三位。

这位猛男一身腱子肉，下班回家后最热爱泡在厨房里对着抖音里的菜谱研制各种菜式，性格不温不火，本来王大蛋觉得这款猛男跟自己颇为互补，于是心生定意，谈了1年多，慢慢就发现自己已经徘徊在想砍人的边缘了。

因为这位大哥，像一盆永远煮不开的温水，日子跟你过，就是前程未来一切跟家有关的事儿，只字不提，王大蛋时间一长也呛不了。

咱是谈恋爱，又不是搞姘头，总不能一直只谈诗和远方，不提婚期和学区房吧。

王大蛋婉转刺探了几次，发现对方总是亲亲她的额头，温温柔柔地说："我去厨房看看冰箱里还有什么食材，给你做点好吃的。"

王大蛋终于怒了，论年龄，您也老大不小了，论情场资历，您也不是一张白纸了，我就不信你是因为不懂，所以才连个屁都不放一个。

于是王大蛋在一个月黑风高夜，强行拍出了一张卡，向对方明示了自己这些年的积蓄，并希望对方给个痛快说法，若真想在一起，未来咱一块儿好好规划规划，若你手头要是不宽绰，我王大蛋也可以先顶上去，但不能总是稀里糊涂耗在一块儿没个奔头儿。

猛男被王大蛋的存款余额给刺激到了，猩红了眼睛，颤颤巍巍地抓起外套就出去了。

啊，多么熟悉的操作，每次两个人要聊点正经的了，猛男总是要出去散散心，或者去厨房剁剁五花。

王大蛋倒吸一口冷气，给对方发了条微信："您好好溜达，不用回来了，这房租反正也一直都是我交的。"

猛男一看要被扫地出门，顿时按捺不住了，以迅雷不及掩耳盗铃响叮当之势　　秒回了她消息。

内容是一条引用：

香奈儿创始人可可・香奈儿曾说：“当你了解男人都是小孩子，你就了解人生所有的事情。因为男人是永远长不大的孩子，无论他们有多大的成就、多高的地位、多么深远的影响力，内心深处都住着一个小孩子。”

王大蛋被他这一记勾拳差点打蒙了，啥影响力？啥地位？啥啥？都啥？

但很快，她就记起来第一位男子最喜欢跟她服软时说的那句“算我错，行了吧”，以及第二位男子吃她喝她了仨月还是不肯出去找工作后对她义正词严的表态“你不要逼我了，我现在不想跟你说这些”。

如寒冬腊月里的冰水直抵头芯，王大蛋很快就清醒了过来。

她知道这世间有很多种亲密关系的相处模式，比如冷静，比如谦让，比如迂回，但她只是想要一段坦坦荡荡、有火当场泄掉的快意情感。

也不成？

为此，她甘愿不计较，自己在财务上多付出一些，也可以不计较，她送对方的礼物是iPhone手机，得到的回礼是男方从山寨直播间买回来的49元的假的不能再假的“大牌”口红。

即便如此，也不配得到像样的爱情吗？

就在王大蛋大婚之夜，看着眼前这个任何一个细节都试图让她少操心一点的相公，她终于悟出了所谓的踏着滚滚炮火才换来的认识。

男人可以永远不长大，但女人不可以永远不需要安全感。

那些所谓的长不大的男人，最终会在遇到自己想要保护的女孩子的时候瞬间长大。

至于那些需要你打着滚求着他上进，苦口婆心求着他努力的男人，大概率都是你遇上了垃圾。

02

自以为是地把低俗当幽默。

大梦梦是曾与我在Live House里各自拎着酒瓶子一起摇摆过的交情。

她现在是一家餐厅的合伙人，在这个身份之前，她曾经踏踏实实在某朝九晚五能给人养老送终的单位里待过一段时间。

但经了一事儿后，她就不乐意等着被养老送终了。

大梦梦那天准备准点下班，单位领导，一男的，说晚上有个局，参加一下。

大梦梦就纳闷儿，我这又不是什么销售相关的岗，就算有局也不该轮到我这里吧，但领导见她磨蹭当时就撂脸子了，她一头雾水犹犹豫豫地去了。

一个大包间，烟熏火燎的，一屋子男的，就她一个女的，那个阵仗，要不是在正经酒店里，她肯定就以为自己误闯了某个犯罪团伙蓄谋大会现场了。

大梦梦全程亭亭玉立，除了象征性夹几筷子菜，目光一直就在盯着手机屏幕的时间。

男领导一开始自己打了个开场，挺殷勤，狗一样，领了几个酒之后，绕到大梦梦身后，胳膊搭在大梦梦的后背上，要她敬酒。

大梦梦愣了一下，礼貌回绝，说："我不会。"

男领导神秘一笑说："别装了，以前你就老说不会，我还信你，前几天那小谁离职你不还给人喝了送行酒了吗？我都看见了。"

大梦梦解释："我就只能喝一点，那小谁在职时候对我一直很照顾，我喝那一杯，实属应该。"

男领导见她磨叽，眉毛往圆桌上那几位客户的方向挑了挑："你这就不会说话了吧，你跟那小谁喝实属应该，跟我们这几个小哥哥喝就不应该了？"

"我……小哥哥？"大梦梦差点当场呕吐出来。

是谁这么无耻，竟光天化日如此猖獗地在我纯洁的灵魂上跳舞？

小哥哥？在我心目中小哥哥是那种知羞知臊的小男生啊，您这年纪都能跟我爸称兄道弟了，脸上的褶子，牙齿上的黄斑，都浸染了岁月的痕迹，本该自尊自爱的年纪，在这儿跟谁臭不要脸呢？

大梦梦看着文文静静的，骨头硬着呢。

就坐着那儿不动，连脸上仅剩的用于撑场子的礼貌微笑也收起来了。

领导看她颇有造反之意，赶紧自行打圆场说小女孩还不懂事，然后指了指服务员刚端上来的参汤，挤了挤眼睛，高调往客户那边让，特嘹亮地起劲喊："各位，这个要多吃多喝，补了晚上不掉链子。"

大梦梦终于喷饭了，空气中弥漫着令人尴尬的气息。

就完全没有人笑。

拎起包来，摔门走了。

回去请了假，逍遥了三天，去递辞职报告的时候，人事小姐姐偷偷告诉她："其实也不必如此，你前领导被客户方要求清退了，咱也不知道干了啥过分的事儿，反正你换新领导了，是个女的，再考虑考虑？"

大梦梦想了想，还挺解气挺欣慰的，毕竟这个世界还是以一身凛然正气的好男人居多，品位正常的男人居多。

尽管，后来还是辞职了，自己跟好朋友合伙另起一摊了。

大梦梦感慨说："有种男人啊，怪有意思。拿低俗当幽默坦荡，把冒犯当敢作敢当，恶心起人来特来劲，不用说女孩子受不了，但凡有点品位的男人，都会觉得硌硬。"

只有他自个儿，过了该懂事的年纪了还拎不清，有多掉价还不自知。

可恶，也可悲。

03

明明没付出过，还整天吵吵心累。

小灯泡说：“我前任啊，有句口头禅，特别来劲。

节假日，自己什么都不给女朋友准备礼物，看到商场里有男生给女孩子选礼物，还特别高调地来一句：难道这些女的就是为了找一张长期饭票吗？”

说好了春节放假前，买点东西去双方父母那走一遭，结果小灯泡花了2000多大包小包地进门，他拎着一瓶二锅头，还是那种小卖部里卖的最简装的那种，就来了，走的时候还抱怨女方家长不懂事，没给红包？小灯泡忍不住怼：“你下次来别这么寒碜着来好吧？”前任也怒了，义正词严地反诘道：“难道你们这些女的就是为了找一张长期饭票吗？”

每当小灯泡让他去交一次电费水费，每当小灯泡对他5.21的红包表示了诧异。

她都会听到这句：“难道你就是为了找一张长期饭票吗？”

一开始，小灯泡还莫名有些愧疚。

她告诉自己：对对对，是是是，我是不能这么物质的，爱情怎么能拿钱来衡量呢？俩人相爱不就是该能者多劳的嘛。

可过了一段时间，小灯泡就惊讶地发现，前任明明什么都没付出过啊，为什么天天摆出来一副受害者的表情？

她猛然发现，每次吵完架，没等她弄明白局势，都是前任率先发出一声叹息，说自己心好累。

那一秒她几乎立马就忘记了吵架本身，而是反观自己是如何把一段感情变成别人的累赘的。

她也跟闺密聊过，自己不确定男友爱不爱她，有多爱她。

可等她走出了那摊泥淖，她才知道，男人喜不喜欢你，女孩子都是能实实在在感受得到的，你向谁求证，那都是自欺欺人。

在那首《说散就散》的网易云下边，有人留下这样的话：

有人说：要感谢前任让你成长，让你变得更好。我觉得不是这样，那些痛不欲生、撕心裂肺的日子，都是你咬着牙一天天熬过来的，凭什么要谢别人，你要谢谢你自己。

你是要好好谢谢自己。

此生，过去，未遇良人就未遇良人，意难平也得平。

有人把你的付出当理所当然，有人暖他一会儿就记你很多年。

去优先考虑那个优先考虑你的人吧。

那些不被重视的喜欢和总是得不到回应的爱意，早晚都要如水消失于水中。

未来那个配得上与你共度一生的人，或许也稀里糊涂历尽了渣女磨难，正在时光隧道中步履维艰地向你走来。

去选择你想过的人生吧

01

有些幸福，只是退而求其次的圆满。

每年陪老公参加同学会，她都会花枝招展地挽着他，大门一开，接受在场所有人的慨叹与起哄。

在坐的男同学，大部分根本不敢、甚至不屑带家里那位来。

还有的男同学，身边的娇人每次都花样翻新地换。

唯有这一对，从大一就好上了，也是整个学院里唯一一对打破毕婚族魔咒的情侣。

班级群里说起爱情，都是他俩的模样。

婚姻亮红灯时，还会有同学厚着脸皮偷偷问她婚后保鲜的秘诀。

她每次都笑吟吟地回复，要学着互相包容、互相理解、互相让一步。

却永远不曾问过，半夜枕边人鼾声如雷，那条手机屏幕一亮闪进来“亲爱的，睡了吗”，到底是谁发的。

对她来说，有些幸福，只是退而求其次的圆满。

她见惯了很多女人在网上一遇到公众人物出轨就喊打喊杀奚落女人懦弱不肯离婚。

每当此时，她心里总是暗自冷笑，真轮到你，还指不定是一副什么鬼样子，她甚至恶毒地以为，大部分人的婚姻，都是表面光鲜亮丽，背后一地鸡毛。

她不知道，这天底下真是只有她一个人想法这么阴暗，还是所有的女人，都学会咽下了这同一味苦涩。

02

那个彻夜长聊不觉乏味的人，不是枕边人又何妨。

知乎上有个提问：放弃了自己很喜欢的人，会不会后悔？

她发现来答这道题的人，很多都是结过婚的过来人。

他们谈及那个自己喜欢了很久的人，谈及那个彻夜长聊不觉乏味的人，言辞之间都流淌着不可侵犯的美好与光芒。

匿名答题的会说，如果时光能倒流自己绝对不会放手。

公开答题的会说，虽然遗憾，但还是要珍惜眼前人。

她看完只是鼻翼一哼，望着窗外斑驳树影，自言自语道：“一群假惺惺的骗子。”

她就是他当年口中说的那个彻夜长谈都不觉乏味的人，他还不留遗憾地娶了她。

可婚后8年，她既是当年的蚊子血，也是如今的饭粘子。

热恋时无话不谈，时间长了也有可能变得无话可说。

婚姻里的老夫老妻，过下去全凭离不开彼此身上熟悉的气息。

没结婚光聊个骚谁都能潇洒，结了婚负担来了依然还能拉着你往前走的才是好爷们。

说什么眼前人纵然齐眉举案，到底是意难平。

说什么若时光倒流定让白月光照进自己人生隧道的尽头。

屁。

你听，王心凌在唱《那年夏天宁静的海》。

只是太年轻，快乐和伤心都像在演戏，一碰就惊天动地。

03

分手时感觉这辈子都解脱不了的感情，时间会教你放下。

极少数人，很幸运，幸运到还没被一个人虐过，就遇到了共度余生的良人。

可更多的人，踩不到这样的狗屎运。

她会遇到一个似是而非的人。

在一起的时候，总是让你不停地确认他真正的心意。

他懒得跟你交流，懒得跟你较真，懒得陪你做任何事，但就是不提分手。

你给他发了一条微信，他回你，等我下班再说。

好不容易等他下班了，他又会避开满脸期待的你，说自己上一天班好累啊，什么也不想说，只想好好休息。

你尾椎骨一疼，一股凉意顺着脊椎直抵心口，彻底陷入了越挣扎越深陷的泥淖。

你变得多疑，变得小题大做，变得敏感脆弱，变得喜怒无常。

变得不再可爱。

你终于给了他“受够你了”的借口。

分手后，你痛不欲生，甚至还死皮赖脸地纠缠，把最后一丝体面撕了个稀巴烂。

你躺在床上，日复一日，有时候柴米不进，有时候暴饮暴食，你把自己圈养在一张床上，窗帘拉上，暗无天日地像在圈养一头浑身是伤的野兽。

你告诉自己，我病了，病得很重很重。

可也不知道过了多久，你的病又莫名其妙地好了。

你甚至有点恨自己，怎么就这么轻易地放过了自己。

三十几岁的时候，你看到办公室里有人在安慰失恋的小姑娘，说要感谢错的人抛弃了自己，才能有机会遇到对的人。

你拍案而起，猩红着眼睛叫嚣着，我凭什么要感激别人的抛弃？！

过了某个年纪，你就再也咽不下那些傻乎乎、软绵绵的毒鸡汤。

过了某个年纪，你只相信，**一个人没被打倒，不是因为人渣放过了你，而是你自身的成长与毅力干死了良心特坏的臭傻子**。

也许你未必解脱，但时间会教你放下。

04

一切都是选择，选择你所能承受的。

树洞里经常会收到一些年轻姑娘的来信，问：爱上已婚男人怎么办？

我通常会给她们讲一个电影里的桥段。

刘若英在电影《征婚启事》里饰演一位叫杜家珍的女人。

她爱上了有妇之夫。

因为她怀孕了，所以男人决定回去跟妻子摊牌，为她离婚，男人自此却一去不返（后来证实是飞机失事，并不是负了她），她每天都在打着那个只有答录机在接应的电话，期待着电话那头，能听到他的一声“喂”。

因为喜欢有夫之妇是难言之隐，她便遮遮掩掩地去请教她认识的一位教授，教授告诉她：**一切都是选择，选择你所能承受的**。

不想跟这些姑娘说伦常说道德。

只想说，一切都是选择，你要选择你所能承受的。

承受愿望扑空的失落，承受被人指指点点的非议，承受男人回归家庭的可能，承受一地鸡毛的女人之争，承受婚恋观被推入另一条轨道的不可逆。

想清楚这些，你才明白了那句“一切都是选择”到底是什么意思。

05

跟不喜欢的人结婚，到了中年会被自己的凑合反噬。

在心理学里，有一种叫作“恋爱补偿效应”的说法，指的是人们容易喜欢上喜欢自己的人。

有些年过30就坐不住了的姑娘，特容易生出来这种奇怪的情愫。

之前的条条框框一脚掀翻，像扒拉简历一样把备胎库重新检视了一番，掉过头去选了其中一个，安慰自己，这人没什么不好，跟谁结应该都差不多。

于是，领证、婚礼、蜜月、生子……一切势如闪电。

随着孩子的成长与育儿观念的集中迸发，随着老人观念与生活习惯的摩擦，之前所有隐藏的问题，终于在一个孩子哭闹枕边人却鼾声如雷的午夜爆发。

你发现一个十分惨痛的真相，那便是，你根本不了解他。

再或者，枕边人并不是你一开始猜测的样子。

然后，你开始对婚姻失望，终日陷落在一种诡异的念头里，你开始到处跟人说，跟谁结婚都一样——其实，你一直都知道，跟谁结婚真的不一样，只是你没有勇气把这件事归罪给自己当年的草率与侥幸。

很多姑娘，就容易被自己糊里糊涂的贪念所害。

遇到一个别人觉得好的，就麻痹自己输不起了。

就像一样玩偶，你只是逛街的时候，在橱窗里看了它一眼，但突然涌出来一帮看热闹的人，她们夸张地惊呼，这个玩偶长得跟你有几分神似，这大概命中注定就该是你的玩偶。

你当时就慌了，你把它紧紧抱在怀里，虽说不上喜欢，但就是不肯撒手。

就这样跟一只别人认为属于你的玩偶，过上了疯狂而不属于你自己的一生。

很多姑娘到了一定年纪，会对“合适”两个字感到迷茫。

因为她在这缸叫作合适的水里泡了太久，依然没有遇到合适的人，所以开始怀疑，可能这世上根本就没有什么合适的人。

美剧《傲骨之战》第二季最后一集里出现过一个“车库法则”，恰好是用来检验你的交往对象是否是你合适的结婚对象。

车库法则的大意就是，当你回家看到车库里停着对方的车，如果你不自觉地开心，那么这辆车的主人就是合适的人。

如果你心无波澜甚至不愿意上楼，那便要慎重再慎重。

其实这个车库法则可以用更简单的一句话来解释清楚：如果

你站在一个圆点，方圆3公里内有让你倾心爱慕的人，就算你站在那里不动心里也会溢出快乐。

不要欺骗自己的感受，否则当年避而不谈的问题早晚会在婚后的某一个阶段集中反噬你。

婚姻之门很残酷，之前明知不合适还是硬着头皮一脚踏进来的，之后再想摆脱是要付出很大代价的。

06

人来人往，浮光掠影。

王小波在《三十而立》里说：“一辈子很长，要跟一个有趣的人在一起。”

他拣着自己最在意的说了，可我们的一辈子，要面临的场面远非“有趣”两个字能够撑住。

然而，现实又是，好的结婚对象有太多让人垂涎的标准了：要品性好不算计，要相貌好不丢份，要有主见能不窝囊，要三观合不让你抛出来的梗掉地上摔稀碎，要宠着你不带着情绪过夜……

最终，婚姻里的过来人都知道，你不能什么都想要。

但有一点，一定要坚持自己最在意的。

切记一点，若无真情，余生皆煎熬。

最后，愿你我一生都可在婚姻里欢愉沉浮，永远无须成为过来人。

情绪不稳定，是一场灾难

01

2020年11月18日，深圳龙岗法院披露了一起案件。

2020年2月的一天晚上9时许，一母亲怀疑女儿小洁（化名）偷了自己28元，便用塑料按摩板多次打女儿，致其失血性休克死亡。案件审理期间，死者小洁的父亲和外公向法院出具了谅解书，对小洁母亲予以谅解。最终，法院以犯故意伤害罪，判处该母亲有期徒刑十年。

这则新闻的底下，看到了无数网友的惊慌与痛心。

几乎所有人的关注点一下集中在了“28元”上。

为了28块钱，把孩子往死里打？

28元，与一条人命，孰重孰轻？你一个当妈的连这都掂量不明白吗？

她不是掂量不明白。

她是失控了。

孩子还活蹦乱跳的时候，当妈的往往会觉得，这就不是28

块钱的事儿，老祖宗有训：小时偷针，大时偷金，偷钱这事儿不关乎面额大小，关乎孩子一辈子的品行，要不正经管管，长大了指定得走歪路。

可如果孩子妈妈预先知道，自己的这次“正经管管”，直接后果是把孩子给“管”得连命都没了，我想孩子妈妈多半是宁可纵了她。

很多家长在跟孩子旷日持久的相处中，慢慢磨没了耐心。

道理两次三次讲不通，就索性不讲了。

错了，就上手打。

久而久之，打顺手了，父母就不再关心孩子到底错到什么份上，到没到需要动手才能把理掰过来的份上。

评论区里有个网友其实说得挺扎心，自己日子过得不如意，很容易就把气撒到孩子身上。

单位里等了三年的职位被一个没有孩子牵绊的异性占了去，出门买菜跟人讨价还价的时候被卖菜的小贩奚落了，闺密约着去做脸她想了想这个月孩子报班的钱都还没攒齐所以给拒了……

这些旷日持久的付出，总会在孩子做错事情的某一个瞬间扎堆爆发。

委屈、埋怨、不甘、压抑和不能跟外人说的种种，都变成了生活里的不如意。

拼尽全力努力生活，可日子依然过得糟心。

大量的垃圾情绪在寻找出口。

妈妈很难，但孩子还只是孩子。

是孩子，就总会犯错。

一次次纠错过程中，耐心被一点点吞噬掉，沟通的出口逐渐被暴力制裁取代。

那些命丧母手的孩子，永远不可能是第一次被打。

致死首因，大概率是情绪问题。

亲手打死自己的孩子，与其说是失手，不如说是失控。

02

失控的父母们，一直在人间不如意地游走着。

偶尔失声痛哭，偶尔满腹委屈，偶尔失手打死一个孩子。

美国有一对华裔夫妇开了一家中餐厅，因为生意很忙，母亲无暇顾及5岁的女儿，一旦女儿不听话便会遭到毒打。

动手，已经成了这位母亲教女儿做人的唯一途径。

直到有一次，因为女儿不听话，妈妈陈某一怒之下重殴女儿头部多次，女儿口吐绿色液体。

孩子爸爸赵某赶紧抱女儿去洗手间洗脸，而此时的孩子已经没有了呼吸。

尽管赵某给女儿做了心肺复苏和人工呼吸，但一切早已也无力回天。

更骇人的是，夫妻二人发现大局已定后，第一件想到要做的事，就是推脱责任以求自保。

夫妻二人把女儿放进容器里用盐覆盖好藏在冰箱上方，并且报警声称女儿失踪了。

次日，东窗事发，夫妻二人遭到逮捕，警察认定小女孩是被陈某右拳多次重击头部造成的死亡。

妈妈陈某给出的供述，是因为她只有两只手，不是四只手，又要在餐馆工作，又要照顾孩子，事情太多。女儿很不听话，所以她失手杀了她。最终妻子陈某判处22年，丈夫赵某判处12年。

又是这可怕的“失手”二字。

她们以忙碌为名，粗暴地用暴力代替了沟通教育。

她们以压力为名，轻易地用失手掩盖了自己情绪管理上的无能。

她们以教育孩子为名，狂妄地释放着自己不好意思对外人撒的怨气。

她们以生你为名，要了你的命。

斯宾塞说：“受罚最重的孩子，长大后很少成为最好的人。”

可总有父母认为，我把你往死里打，就是为了让你长大后成为一个好人。

03

之前热播的《隐秘的角落》，母子关系中最灼心的片段，就是母亲周春红逼迫儿子朱朝阳喝牛奶。

如果自己加班没回来，对儿子的叮嘱便是喝牛奶。

看儿子喝慢了，便多方面敲打儿子。

“烫么，这不正好吗？”

“赶紧喝完，喝完我好洗杯子。”

“喝不下就倒了吧！”

这杯牛奶，不喝，或者喝得不爽快，在周春红看来，都是对母爱的背叛。

是对她独自一人苦苦拉扯孩子、培养孩子的无视与忘恩负义。

她对儿子隐瞒马主任的事儿只字不提，就拼命地把矛盾往一杯牛奶上怼。

心里苦闷越多的妈妈，越是忍不住迁怒。

儿子说一句自己能洗杯子。

她立马就能把今天的难堪迁怒于朱朝阳父亲当年的不负责任。

这种用**高压式的付出感不停地控制孩子的母亲，最终会逼迫着孩子在心里某个看不见的角落生出阴僻的黑暗面**。

只是。

有的妈妈释放出来，以失手为名杀戮。

有的妈妈长期压抑，以爱你为幌扭曲。

04

琳赛·吉布森博士在《不成熟的父母》一书中，列举了情感不成熟父母的四种类型，第一种就是情绪型父母。

他认为：

情绪型父母的情绪是极其不稳定而且难以预测的。他们依赖别人来安抚自己的过分焦虑。他们会把一点点沮丧放大到世界末日的地步。在他们看来，别人不是可以利用的资源，就是抛弃了自己的人。当他们崩溃的时候，他们会让孩子也跟着自己经历激烈的绝望和愤恨。

这个世界真真切切给了中年父母很多压力。

他们每天都活在焦虑与崩溃中，每天都活在孤立无援的愤恨中，那些积攒的情绪和歇斯底里的谩骂，一股脑倒给孩子的时候，只有他们自己知道，这些并不都是孩子的错。

尽管如此，很多父母都拒绝道歉。

他们中的大多数都盲目觉得，事情没有想象中那么严重。

在孩子被人捅刀时，他们习惯了补刀；在孩子需要情感支持时，他们习惯了伤害；在孩子需要信任时，他们习惯了嗤之以鼻。

他们只想得到，做父母的在这人间寸步难行，却从来没意识到，自己其实一直在从孩子身上索取着安慰。

而孩子，只能在他们崩溃的时候，陪他们经历激烈的绝望。

或死亡。

教好一个孩子，一辈子要经历很多次失控与无助的瞬间。

为人父母的情绪管理，永远是一念天堂、一念地狱的必修课。

你远比你看到的更美丽

01

我曾陪着一个妹子完成过一次十分失败的网友见面活动。

妹子来找我的时候，非常焦躁，一直反手挠脖子，要不是我及时出手，脖子都能被她抠个大窟窿出来。

妹子说："怎么办，这货已经买票进站了。"

我大惊失色："敢情见男网友这事不是你自愿的啊，不愿意见就不见啊，为啥还要拉上我壮胆，你男网友怕不是个秃顶抽旱烟的老大爷吧？这给你吓个熊样。"

妹子很惆怅，说："要真是这么个货色还好了，那我就不用纠结了……"

妹子欲言又止的样子，让我一下意识到，事情必然没有想象中那么简单。

直到妹子划开手机向我展示了几张照片，我才被目前为止的情况彻底迷惑。

是的，这是一位穿得干干净净，衣品非常好，脸蛋子帅出天际，腿长屁股翘的无敌大帅哥。

被冲击到后，几十年的网民经验迅猛扼制住了我的口水：“你不要被几张照片给骗了，磨不磨皮滤不滤镜暂且不说，这颗头是不是他本人的都两说！”

妹子摇摇头：“我跟他打过视频电话，本人也就比照片帅个一百来倍吧。”

我当时就生气了，这是什么意思啊，跟我炫耀来了是吧？帅成这个鬼样子的小犊子从上海为你狂奔而来，你还跟我这儿又是求救又是烦恼的？世界吻你以歌，你却报之以婊？

妹子都快急哭了：“轨姐，我是真不想见，我怕他见了我之后会失望。”

“失望什么啊？”

“怕他觉得我皮肤有点黑，腿也不够直，走路驼背，眼睛太小，笑起来有个角度能看到双下巴，生活中没有网上那么有趣……”

我当即被雷了个外焦里嫩——因为我完全没有想到，这姐妹对自己的评价竟然这么不堪。

妹子好歹也是个搞文字工作的女孩子，家境也不错，皮肤黑是黑了点，但那种冷冷的气质在阳光下一折射，绝对是很多人不经意路过都会多看一眼的酷女孩。

怎么就成了她嘴里的这副德行了呢？

我花了三个多小时，帮她做了一番心理建设，然后陪她去商场选了几件只有她的冷艳气质才能带得起来的衣服，还花重金找了一个专业跟妆大师给她撸了一个极其高级的妆。

万事俱备后，我们在车站共举一把印花晴雨伞，人流在身边穿行，空气中夹杂着湿漉漉的紧张气息，我俩紧密团结在一起，抻着脖子等待着帅哥亮相的那一刻。

可帅哥一出来，还没等我惊呼出声儿来，妹子就扔下我和那把在微风中摇摇欲坠的雨伞，尿——遁——了。

等她唯唯诺诺地冒出小脑袋来，我踢爆她的心都有了："赶紧接电话，他一直举着个电话，急得眼睛都红了，八成是给你打的。"

她拉着我就跑，边跑边说自己肚子疼得厉害。

等钻进医院急诊室，我都翻她包找她社保卡准备给她挂号了，她却扯了扯我袖子，说，不疼了。

望着我怒火即将喷发的脸，妹子又软腻腻地跟我道歉，对不起嘛，我真不是故意的，我还是觉得，我没有准备好。

"是不是不喜欢人家？你到底哪里没有准备好？"

"我喜欢啊，我太喜欢了，但我右脸颊上有颗痘痘还没完全消下去。"她认认真真地指给我看。

我算是明白了。

这世界上，就是有一种人，专门自己碰瓷自己。

自我碰瓷的人，就是会习惯性无限害怕接近自己喜欢的人。

02

一个博主发了一个讨论自卑的话题，有一个姑娘在底下留言：“遇到自己喜欢的人，第一个念头就是快跑。”

然后上万人给她点了赞。

我一开始不太理解这种脑回路的姑娘。

因为按照我的理解，真正自卑的人，理论上他们在喜欢一个人这件事上，应该会自降标准：明明自己落落大方，偏偏认为自己只配得上小肚鸡肠；明明自己饱读诗书，偏偏认为自己只配得上乡野村夫；明明自己挺好看的，偏偏认为自己只配得上秃顶大叔。

诸如此类。

可慢慢我就发现，压根儿不是这回事。

这些人，甭管自己事实上是否人如玉，甭管她们出于自谦还是真自卑，可心里喜欢的人个个都是世无双的真公子。

按说喜欢妙人也不是什么罪过，可她们偏偏到手的那一刻又逃得远远的。

最夸张的是，一个姑娘跟我说，遇到一个特别完美的男孩子，家世显赫，人也帅，教养也好，符合她对完美对象的一切定义，但人家稍稍对她表露了一下心迹，她竟然直接把对方拉黑了。

理由是，怕最后走不到一起，自己会伤心。

我当即就想隔空替那个男孩子掬一把同情泪。

姑娘问我，为什么她没办法正确去面对自己喜欢的人？

我倒觉得，这根本不是什么有没有办法面对一个人的问题，而是你甘愿沉迷在自己的完美防御机制里，不肯降低心理预期，又懒得把自己变更好。

在阿兰·德波顿的《无聊的魅力》里，有一个观点倒是能很好地解释这类人的心理：

爱情的反讽之一，你越不喜欢一个人，越能够信心百倍、轻而易举地吸引他；强烈的欲望使人丧失爱情游戏中必不可少的一种漫不经心，你如被人吸引就会产生自卑情结，因为我们总是把最完美的品质赋予深爱的人。

想要把最完美的品质赠予喜欢的人，这是人类在爱情世界里无解的本能。

想要把真实的自己呈现给钟意的人，这才是你面对爱的不懈努力。

03

电影《心灵捕手》我看过很多遍。

数学天才威尔被问："为什么不想继续恋爱？"

威尔说："现在她在我心目中很完美，我不想破坏这份完美。"

其实，你我都明白，与其说害怕破坏对方身上的完美，不如说是害怕暴露自己的不完美。

后来教授给威尔讲了一个自己和妻子的故事。

一天晚上，他被妻子的屁惊醒了，狗也被吓得狂吠不止，更夸张的是，妻子也被自己的屁臭醒了，妻子迷迷瞪瞪地问教授：“你是不是放屁了？怎么这么臭！”

教授说：“是。”

两个人狂笑之后，教授对威尔说：**“不完美才是好东西，它可以选择谁会进入我的世界。”**

那些总是止步于“我还不够好”的完美主义者，往往止步于一切。

而那些敢于接纳无法改变的不完美，敢于逼近可以更完美的人，才会有能力遇到那个真正合适的人。

戏精的舞台，是整个人间

01

最近“戏精”悄咪咪重回了话题C位。

还惹得坊间民众闻之色变，忍不住连连惊呼，请行行好停止您的表演吧。

其实这一嗓子并不是在针对某个遥不可及的公众人物，而是在吐槽，我们每个人身边几乎都少不了这号“人物”。

北伊利诺伊大学心理咨询、成人与高等教育学系的苏珊娜·德格斯·怀特（Suzanne Degges-White）教授将这样的人形容为“既很擅长吸引他人，同时又很擅长惹周围人反感的人”。

换句话说，这类人往往会通过爱演让自己成为焦点，同时又会因为演技过于拙劣与浮夸反而引起别人的厌恶。

演技浮夸有时候还反倒有点可爱，但演技拙劣就太致命了。

有几类活跃在身边特别典型的拙劣演技人群：

1.为了凹人设，朋友圈都可以偷别人的。

A朋友表示，自己在某网红打卡点拍下了漫山遍野的多肉，并写了一首诗作为配文发了朋友圈。5分钟后，她惊讶地发现B朋友发了一条跟自己一模一样的朋友圈，图片、文字原封不动地搬运，活脱脱就是一枚别人生活的搬运工。

A大惑，不明白B人不在此地复制粘贴她的朋友圈有何意义，便忍不住问了一嘴。B也是坦诚，说不好意思，忘了屏蔽你了，我就是觉得你这条朋友圈挺文艺的，蛮符合我的，就拿来用一下。

对大多数人来说，朋友圈的生态是自我记录式的。

但对戏精人格的那部分人来说，朋友圈是用来极尽所有表演凹人设用的。

2.你客套了一下，他已经把你喜欢他传到了每一个角落。

C女长相平平资质平平，在一次聚会上，被寝室舍友带着认识了联谊寝室的一些朋友。

D男是寝室室长，拿出了带头大哥的风范，主动向C女打了招呼，并礼貌性称赞了一下她的衣品。

回来后，C每天都会在寝室说D如何在各大学校餐厅故意偶遇自己，并故意去自修室跟她坐同一排，言语中透露着高高在上的不厌其烦，说自己肯定要找个机会跟对方说明白的，对他没感觉，还抱怨自己为什么总是被那么多不来电的男生缠着。

C女同寝室那个号召组织联谊的女生，有一次路上遇到D男，大大咧咧对其进行劝退，D男一脸蒙，表示对这些惊悚的细节毫不知情。

为了洗刷冤屈，他还举起手机里的微信向其自证清白，D和C都在一个群里，但D如果像C描述的那样对她疯狂迷恋，为啥连她的微信都懒得加。

此时，真相才猛然浮出水面：

对戏精体质的人，别人的客套都可以拿来当作佐证自己人格魅力的工具。

他们可以在没有任何证据的情况下，一口咬定谁谁谁在迷恋自己。

戏精体质人群，对于人际关系的预判总是很乐观。

他们想象中自己的受欢迎度总是比实际中高得多，他们想象中的人际关系状况也比现实中密切得多。

3.为了不被人比下去，幸福全靠自导自演。

E女在外都是一向宣称自己家庭幸福、夫妻恩爱的。

但实际上婚姻的裂缝早就恶化成了鸿沟，丈夫正在跟她谈离婚，并与之分居长达2个月之久，其朋友发现蹊跷发消息来关心了她的近况。

E如临大敌，第二天就为自己买了钻戒和鲜花，做了一大桌菜，摆上两杯红酒，拍了一张自己眼圈发红的照片，发了圈，说感激亲爱的陪自己走过这么多年，还为自己精心准备了这一切，感动到哭，周年快乐。

刷到E朋友圈的好友们一脸蒙，因为此刻E的老公正坐在他们对面买醉。

这一天，她老公既没有给她做一大桌菜，也没有送她鲜花钻戒。

更要命的是，这天压根儿也不是什么纪念日啊。

真是为了让人相信自己是幸福的，简直什么剧本都敢拿啊。

最拙劣的演技，不是我演完了不幸被你看穿了。

最拙劣的演技，是我撅起屁股来的那刻你就知道了我要放什么屁，然而我却对此全然不知，还在小丑一样激情饱满地在你面前演着。

人生舞台有时候是需要演技来粉饰与缓和一下的，但要得体。

表演得体，你便是引人敬重的戏骨。

表演不得体，那就只能是丑态百出的戏精。

02

对于戏精群体，多数时候我们是可以避开的。

见之不喜，走开便是。

但有一类戏精，却是令人猝不及防就惹一身骚的。

那便是超级喜欢把自己扮演成“无辜受害者”的戏精。

一位坐拥千万粉丝的大V朋友，说自己这辈子受过的最大的委屈，是被一个不认识的女粉丝追着骂了2年多。

因为日常维护需要，大V博主需要每天更新一些早安晚安的鸡汤短句，转载一些阅读量表现比较好的内容截图，偶尔也会发几个品质比较不错的广告。

可让他一个大老爷们费解的是，无论他发了什么内容，这个粉丝都第一时间发来私信质问他，如果他没有第一时间回复她，质问就会变成了谩骂。

那个女粉丝说，他发的每一条内容，都是在针对她。

他发了电影《死亡诗社》里的一句："只有在梦想中，人才能真正自由，从来如此，也将永远如此。"

这粉丝说他在讽刺自己只会白日做梦。

他转了一句："知识只是力量，良知才是方向。"

这粉丝发私信说："我的良心比你不知道好一万倍还是一千倍，你还有脸影射我？"

连他接推广转发了一个艺人的代言，她都会说他故意找了一张角度不好看的照片黑别人的爱豆……

这下他被彻底整蒙了，挨骂挨得毫无头绪。

他还试着给这位粉丝写长长的私信，尝试解释这其中的误会和理解偏差。

结果，换来的，是更猛烈的谩骂与委屈。

这便是典型的"无辜受害者"扮演上瘾人群。

如果生活中发生的某件事跟其预想的不一样，那一定是全世界都在针对我。

在朋友圈与公众视野里，我永远是付出最多的那一个，家里大事小事都是我一人在操心，我一个人扛下了所有人间疾苦。

无论伴侣待自己如何，只要你有一次接电话晚了3秒，她就会暴风哭泣，臆想自己下半辈子都会在等待中度过惨淡的一生。

这种扮演“受害者”上瘾的人群，才是把表演型人格发挥到极致的人间难题。

因为她上一秒看上去还是一个可以沟通的正常人，下一秒就能挖个坑把你拉进去一起埋了。

更可怕的是，这类人群往往是不接受任何人忠告的。

他们受挫力极差，还特喜欢想方设法通过瞬间表演把所有的问题归到别人头上。

也就是，你一定会在一脸蒙中看到对方在你面前声嘶力竭、哭天抢地的样子。

他们无法解决本身的内在冲突，就试图制造冲突，不停地在受害者的角色扮演中，寻找活着的平衡。

无辜让其成为焦点，受害让其惹人同情。

这样，戏精才能成为臆想中的主角。

但臆想过头了，就容易变成更严重的病。

本年度韩国悬疑烧脑剧剧王《365：逆转命运的1年》里，就有一个得了更严重病的角色——金世琳。

人前善良乖巧、楚楚可怜，但却疯狂地用谎言、装可怜来博取同情。

为了得到学长崔英雄的爱，不惜自残身体，以死相逼，为了让学长不跟自己分手，不惜伪造现场，诬陷猛男企图强暴自己。

她期望着用自己楚楚可怜差点被强暴的弱小无力，来唤醒学长对自己的怜爱与保护欲，为此哪怕有人因为被她设局冤枉而坐牢，她也在所不惜。为了达到自己的目的，说谎成性，扮演受害者成性。

“无辜受害者”戏精群体再疯狂一点，就可以达到金世琳的程度了。

而金世琳的病，叫孟乔森综合征。

是指一种通过描述、幻想疾病症状，假装有病乃至主动伤残自己或他人，以取得同情的心理疾病。

只是戏精更懂得利益至上。

所以他们相比于孟乔森综合征，更会理智地零成本保护自己的身体，最大限度地祸害别人的情感与健康。

人际关系中过于爱演，无限接近于有病。

03

一切都是处心积虑的经营。

电影《日落大道》女主角诺玛，是一位没落的过气明星。

年近50岁，整日幻想昔日风华绝代的自己，深陷在人们对她的迷恋与跪舔中无法自拔。

侥幸偶遇到了因为逃避债务的编剧乔，她重燃梦想，想让对方为自己编写剧本《莎乐美》。

诺玛为了得到年轻编剧的青睐和关注，极尽各种条件去示好对方。

为对方提供舒适的写作环境，买衣服，性诱惑，但编剧还是接受不了这么一个青春已逝的妇人，所以转而跟另一位大美女谋划新剧本，并爱得火热。

诺玛发现此事，便马上扮可怜、卑微哀求他回头是岸，甚至以自杀相逼。

但发现对方压根儿不在乎她死活的时候，她果断开枪打死了年轻编剧。

然后以杀人犯的身份再次回归公众视野，风光接受采访。

血染的那一刻，人类才明白。

一切的一切，终究都不过是戏精体质人群处心积虑的经营。

她们对身边的人释放出的关心、体贴、鼓吹、慷慨、亲密，都不是因为自己发自内心的想要如此。

一切都是自我利益至上的驱使。

戏精体质人群的行为，都不是从对方的感受和需求出发的。

拼命加戏，都是为了完成以自我为中心的布局所需。

如果你跟朋友们正在讨论一本书写得如何如何，戏精会兴高采烈地插话，她在去澳洲的飞机上读过这本书，当时遇到了某某大咖，并顺便提了一嘴“写得不错”，但是对这本书的内容只字不提。

显然，戏精想要经营自己去过澳洲偶遇过大人物的人设，而提一嘴书是经营所需。

如果你提起今天去菜市场买的蓝莓有点涩，戏精会开开心心地附和你，说她好朋友家种了10亩蓝莓，每年给她送了好多吃都吃不完，哦，对了，这蓝莓吃起来确实也不如去年的甜。

显然，戏精想要经营自己被人持续宠爱着的人设，所以，附和你蓝莓有点涩就成了经营所需。

戏精会通过一系列自以为高明的手段，去绽放自己乏善可陈甚至完全不存在的闪光点，顺道拉踩一下你进一步突出自己的高人一等。

演员的舞台在荧幕上。

而戏精的舞台，是整个人间。

表演型人格的戏精们，他们在一场又一场的表演中，抓住每一次机会试图完成自己完美人设的经营，却一次次因为演技拙劣，偃旗息鼓地败北。

04

现实生活中是存在不但不让人反感，而且还超级增加好感度的可爱系“戏精”的。

这种假装自己被蚂蚁绊倒趁机要你哄一下的戏精，在男女关系的情趣方面是十分加分的。

但终身性的表演性人格，却是人人闻风丧胆避之不及的人间大作精。

不但你看不见他真诚的一面，连他自己都不知道真诚的自己是什么样子的。

表演性人格的戏精在不表演的时候，反差往往是巨大的。

人际交往是多次博弈、长期揣摩的过程。

疯狂给自己加戏的戏精，只需要一两次你来我往，就会暴露自己自我利益至上的秉性。

这种人一旦被聚焦了几次，就会失去观众。

他们爱演，却痕迹太过明显。

他们短暂地得到过注意力，却从未得到过影响力。

他们是戏精，也是可怜虫。

如果重新审视真实一生的那天迟迟没有到来，那么戏精疯狂沉浸的一生终将陷入失控。

生命的每一天都是奇迹

纵有万般心碎，也要笑得甜美

01

一个在洱海边开民宿的小姐姐，由于这段时间旅游淡季，生意不景气，所以得空三天两头跑出来，不辞劳苦地劝我喝两杯。

我抿了一口，聊表诚意后，她大为感动，为了回报我微薄而鸡贼的诚意，她特意跟我讲了一件事儿供我做写作素材用，并再三叮嘱我，一定要给她起一个叫作王大怒的名字作为开场。

好的。

王大怒的微信列表里，前几天突然冒出来一个好友添加提醒，好友申请的消息内容是："小王，我是你朱姐啊。"

朱姐？哪个朱姐？

可怕的好奇心一瞬间扼住了王大怒修长白皙的脖颈，她特想看看，这个遣词语气颇有一番血亲养育感的朱姐，到底是哪个不小心被自己狼心狗肺遗忘掉了的神仙。

好友申请通过后，这位朱姐直奔主题，大概的意思是，朱姐最近将携全家老小来大理旅游，我们的住宿和行程年轻人你给安排一下。

王大怒的后背一阵发凉，因为她实在想不起来，自己有一个关系好到可以给对方又订住宿又接送机的朱姓姐姐。

于是，她谦卑又羞涩地跟对方进行了几个回合的身份试探，最终明确了对方的真实身份——王大怒当年还没毕业时，实习了只有一个多月的某家公司的会计朱姐。

王大怒赶紧寒暄，其间不时呵呵，以表达晚辈的友善。

朱姐也是个爽快人，没用的废话就此一句也不再多讲，直接把航班信息的截图往对话框里一扔，还十分体贴地告诉王大怒："此行一共有六个人，加上司机的话，怎么也得给安排一个七座车，或者两辆五座车也行，更宽敞。哦，对了，房间我们要三个标间，我们一家子是来大理过年的，其间还得需要车拉着我们去看本地民俗的一些表演，你最好开车全程陪同，我们怕自己出去玩被宰。"

王大怒一惊，略略点头之际，还是隐隐感觉，哪里有些不对，那欠缺的东西在后脑勺呼呼漏着风。

钱！对，对方只字未提钱！敌人要把王大怒当即改名雷大怒的狼子野心昭然若揭。

王大怒缓缓回之："好的，朱姐，接送机包车的话，一趟活儿100块，如果觉得贵也可以自己直接叫滴滴，一趟80块也就到头了，过年期间3间房6天的住宿的话，就先付500块定金意思一下就好了，至于市区内用车，包车价对外是500一天，您是熟人，350就行。您确定好行程后，付钱过来我给您安排。”

王大怒果然是一个控制情绪的高手，在大多数人遇到这种情况要脱口而出一句“我日”的时候，她竟然可以做到微微一笑，张弛有度。

对方打出一连串问号，愤怒与质疑的火苗在静谧的手机屏幕上闪烁着：“好歹同事一场，住你家还问我要钱？”

王大怒回复出一连串句号，笃定与毋庸置疑的巴掌一风扇了回去：“我打开门做生意，想来消费我举双脚欢迎，想来把我当冤大头随便使唤趁早滚蛋。”

王大怒十分擅长演绎故事，见过风浪如轨姐，也被她随便一撩拨都笑出猪叫。

我说：“你这何苦呢，碰上这种走哪儿都把自己当对方亲娘的主儿，你不搭理她就是了，还辛辛苦苦地给对方打这么多字，齁累的。”

王大怒微微一笑，一口老茶从杯沿溢出芬芳，白皙的食指轻轻摆动了两下：“不不不，人到中年，保持友善，保持距离感。”

02

没错，这个标题是王大怒赐给我的，我觉得用来形容中年人，真是再恰当不过。

自从Cathy换了一座新的城市去了一家互联网公司工作以后，经常会在深夜孤寂时刻，给我打个视频电话。

她说前天碰上一个相亲对象，去海鲜餐厅买了3斤龙虾，正在她哈喇子滴到地板上的那一瞬间，这哥们儿拉着她去海边把龙虾放生了，3斤的龙虾啊，感觉这辈子都跟这种有钱人过不到一块儿去了，以前还以为自己愿意为金钱做一切。

我说我自从有了娃之后，就要每天睡前听着《拔萝卜》入睡，每天听着《最炫民族风》醒来，以前没娃的时候天天翱翔在古典音乐的海洋里，当时还以为自己会跟莫扎特《G小调第四十号交响曲》生死与共，养孩子有意思，但真是一条残酷的不归路啊。

Cathy说："我感觉咱俩聊的东西越来越远了啊。"

我说："那你还找我聊。"

Cathy说："哎，有什么办法啊，跟身边的这些人聊不着啊。"

真是一语成谶。

其实这就是中年人最认命的现实，积累的财富越来越多，身上的负担越来越重，有了新的合作伙伴，有了新的邻居，有了新的牌友，有了新的妈妈圈，但却始终对身边这些人保持着友善，保持着客气，保持着永远不敢交心的距离感。

年轻时候，有人在我们难过的时候，给我们买过一杯奶茶，我们就敢掏心掏肺、毫无保留。

人到中年，我们会默默跟身边的人画一条线，只要不越过这条线，就可以友善微笑，互道早安。越过这条线，内心就毫无安

全感。

03

刚毕业的时候，总是被派去参加一些很边缘很空洞的高峰论坛。

那时候经常看到，只要台上一走下来一个发言嘉宾，小姑娘小伙子就会一窝蜂似的冲上去要名片加微信，大佬们经常会两手一摊，不好意思，名片用完了，然后优雅地回到第一排的VIP座位，跟左邻右舍的嘉宾交头接耳、轻声谈笑。

要么就是往其中一个年轻人的本子上唰唰唰写一个自己的邮箱，然后英姿飒爽地走掉，留下一帮疯狂的年轻人在那里“哎哎，美女，美女，借我抄一下，借我抄一下”。

我就曾是那个当初被大佬在本子上写了联系方式的“幸运儿”本人。

那个时候总是觉得，一定要去拼命抓住一些什么，是不是适合自己的机会根本没空管，就先抓住再说。

人到中年，放眼望去，哪怕眼前坐着自己小时候最喜欢的爱豆，也能岿然不动地坐在那里，任由自己被淹没在周遭疯狂的尖叫声中。

不是中年人狂妄，不是中年人没有了年少的欲望与激情。

只是，**这帮中年人，认清了人际交往的本质，认清了一个人**

的核心能力决定着是否能平等对话，认清了交际来交际去最终的目的还是得让自己快乐。

04

所以，你看到的中年人，他们不喜欢勉强，懒得去跪舔，能够包容大多数合理或不合理的人和事，能够对大多数人保持友善，保持客气。

也永远保持着难以逾越的距离感。

因为他们曾在年少时随便对人报以真心回以热情，结果被伤得遍体鳞伤。

因为他们也曾在对方向自己哭泣的时候，马上拍案而起，大骂对方是个畜生，结果事后自己成了那个被孤立的人。

交际观，常常是以吃亏为代价而成长起来了。

所以，中年人在是非面前只是频频微笑不再着急站队，中年人不会在失意者面前说自己的得意，更不会容忍自己花大把的时间坐在那里听由得意者上天入地地吹牛。

他们保持距离感，只是在用最善意的方式在做自我保护。

中年人不再去喷谁，也不会轻易给别人带来不适感，他们开始变得友善、得体、客气，他们的心也开始变得很难再被焐热。

《海边的曼彻斯特》里说：不是所有的错误都可以被原谅，

也不是所有的伤痛都可以被抚平，总有时间也无能为力的事情。人要是没有对明天的憧憬，就会真正死在了昨天。

中年人其实早就原谅了那些连时间都无能为力的事。

他们只是在盲目乐观地误以为，自己一个人就足以消化一切、承担一切。

中年人让自己好好活着的方式，是笔笔直直、正儿八经地坐在长椅上的时候，心中一直涌动着探索，眼中偷偷闪烁着渴望。

不信，你挠他痒痒试试。

你有修养的样子，真的很美

01

因为旅游城市暑期路上爆堵，停车位也不好找，所以决定打车出行。

会完朋友后，从古城西门叫了车准备返回，叫完之后才意识到，我的位置刚好在司机师傅的马路对面，还得掉头，于是马上打电话过去，告诉师傅，我可以走到对面去，他就不用掉头来接我了。

师傅接起电话来直接一口拒绝，告诉我不用了，他掉个头就来接上我，并让我待在原地不要动。

结果，我在原地等了半个小时才等来了司机师傅。

200 米外的红绿灯路口处，他等了不知道多少个绿灯才最终得以缓慢向我驶来。

“对不起，对不起，实在是让你久等了。”司机师傅是一个皮肤黝黑的小伙子，带着质朴口音的道歉一声又一声。

“其实我可以到马路对面上车的，这样咱们都省时省力。”我没有马上说没关系，而是想着这种情况的最优解。

小伙子听完后不吭声了，小心翼翼地继续往前开了一段。

我马上意识到，他应该是在担心。

担心我因为这么短的路却等了他半小时而不满意，担心我因为这事儿给他打一星。

我赶紧解释："我没有怪你的意思，我的意思是路本来就堵，这么近的距离还要你掉头过来接我，没有这个必要，我走两步就解决了的事儿，我不是游客，不用担心我找不到。"

小伙子一听，马上松弛了下来，特意停到路边，打开双闪，别过头来对我说了句"谢谢理解"。

昏黄的灯光落在本就发亮的鼻梁上，小伙子眼睛里湿漉漉的。

我一看这个场面尴尬极了，完全不知道该如何是好。

小伙子似乎也意识到自己的"失态"，赶紧使劲咧嘴一笑，正了正身子，继续开车上路。

路上他给我讲了一件事。

大理进入雨季后，他拉到了很多外地游客，因为古城里的客栈很多都藏在胡同里，车子的到达性往往没那么好，多数情况就只能停在离着胡同比较近的大路上让人下车。

有一天拉到一个拖着大皮箱跟男朋友来大理玩的姑娘，他把人拉到路边后，姑娘说："你帮我把行李箱搬到胡同里的客栈吧，还有这么一大截子路呢，我搬着太重。"

小伙子面露难色，跟姑娘解释："如果我在主路旁临时停车，后边等着的一大排车子都得堵上了，挨骂不说，太危险了。”

姑娘一下就不高兴了，男朋友见状赶紧安慰她，人家师傅说得对，我帮你把箱子拿进去就是。

姑娘没说话，回去就打了差评。

司机小伙子说，平时他送人去客运站啥的，不用客人说，他都会帮着客人把行李搬进去，可这种情况他没办法停，但乘客才不管这些。

包括我打到他车子，说要主动走到马路对过儿等待，他不是不想，而是不敢，所以坚持掉头来接，因为之前碰到过一些乘客，一步也不肯挪的，在他们看来，我打车，你到原地接我天经地义没毛病，你凭什么让我往前走两步去迎你？我是消费者。

听完这话，我才突然明白，小伙子为什么为了只是向我说一句“谢谢理解”，而要庄重到特意往路边停靠，打开双闪，转过身来说出这几字儿。

他跑车跑了这么久，遇到过形形色色的乘客。

有人把共享出行看得单纯美好，可以跟陌生人聊聊故事，说说心情。

也会有人只是把他看成是一个自己雇来的临时脚夫，他拿钱跑车本也不指望能被人敬着，但还是会在遇到那种大爷姿态很难伺候的乘客时，晚上回家沮丧很久。

也会在遇到一点点理解与体谅时，感动到眼中盈盈有光。

没错。

本已死灰般的人心，会因为你的一点点体谅而一下子活泛过来。

02

很多人在说起体谅的时候，往往说出口的，只是一句“你体谅体谅我行吗”。

刚毕业上班时候租住的小区里，所有的快递都会被扔在小区路边的一个便利店里，送快递的小伙子会给你来一个电话，快递到了，自己去便利店取一下吧。

这个小区上班族们下班回家的路上，便利店是必经之路。

所以也是顺手，大部分也默认了这种自取模式的合理性。

只是有一次，赶上我加班，而跟我合租的次卧姑娘来大姨妈了，当天请假没去公司上班，窝在被窝里抖成了一只被遗弃的小猫。

这姑娘是个一来大姨妈就几乎能没半条命的苦命孩子。

快递小哥一个电话打过来，说今天便利店关店早，他只在楼下等她一小会儿，要她速速来取，不然就只能等明天了。

姑娘哪能等到明天，这快递包裹里的东西正是她掐着日子买的充电暖水袋，原先用的那个已经不热了，赶紧买了新的续命。

“您给我送上来行不行？”她按压着腹部，蜷缩着乞求。

“大家一直都是来便利店自取啊，你体谅体谅我行不行？这

么多货呢，电梯坐上去，车上的包裹丢了谁负责。”小哥回应得有理有据。

姑娘苍白着脸，打电话向我求助，问我几点回家，几句话没说完，哭腔都出来了。

不知道是疼的，还是气的。

我挂掉电话直接给快递小哥打了过去：“麻烦您现在务必把包裹给我朋友送过去，如果你坚持让她自取，我马上打电话投诉，如果你们快递点不管，我会打电话向中国邮政投诉。”

小哥一听，一下愣了。

明显意识到我不是个善茬儿，维权套路完全了解。

一句废话没再说，赶紧给姑娘送了去了事。

第二天，又有一个我们房号的包裹，电话是我的。

小哥客客气气地打过来问我是否在家，要送包裹过来。

我告诉他不用送过来，我下班后老地方自取。

他愣了一下，跟谈朋友似的沉吟半晌，问我：“你确定？”

我乐了，说：“确定，我马上下班了，方便自取，不用你电梯上下地来回跑了。”

小哥悠悠地说了个拖长音的“好吧”。

估计深感女人心太无常了吧，“那天还凶巴巴地非要我给你们送包裹上来，今天又要扮演一位有爱心的小可爱了？”

挂掉电话后，觉得有必要给小哥解释一下，所以很多事儿地发了一条短信给他：“快递送货上门天经地义，但你风里来雨里去按时间算件计工资也不容易，这一栋楼的租户都是出来打工攒钱的，愿意自取的人都是体谅你的辛苦，但赶上人家不方便自取，你也不能不体谅人家的不方便。”

小哥当时没回。

后来在小区里擦肩相遇的时候，冲着我和舍友挠头嘿嘿笑，怀里搬着一个看上去分量不轻的箱子往电梯口走，主动笑呵呵地解释：“这个件儿太重了，我看收件人像是个女的，怕她万一是一个人，下来自个儿搬就费劲了。”

小哥的快递还是会经常出现在小区门口的便利店里，但也会经常遇见他一趟趟地往电梯里送，有时候是楼层高的老人住户，有时候是分量比较重的件儿。

单方面要对方去体谅你的难处，说出来的话往往刺耳。

只有当体谅变成一件双向互相的事儿的时候，日子才会越过越宽心。

03

每当有拾荒老人剐蹭了豪车后，大家都盼望着有钱的车主高风亮节跟大爷一笑泯恩仇。

但事实是，一味让有钱人无条件多担待多承受，也会凉人的心。

前不久看了一条新闻，一位车主去银行办理业务，就把车停在了一边的停车位上，可还没下车，车子就被一个环卫大爷给刮了一道，结果他竟然眼睁睁地看到环卫大爷回头看了一眼，然后骑上车子就要走。

车主一看这情形自然是不高兴了，把环卫大爷喊住想说道说道，但大爷要他“拿出证据”，否则不认。

车主只好告诉他，环卫车上还挂着从他车子上剐下来白漆，环卫大爷一看赖不了了，索性就对车主说：“你看我这么把年纪了，挣钱也不容易，你们挣钱比我容易多了，开着汽车的大老板就不要和我这个打扫卫生的老人计较了，就当做了一回好事吧，再说了你停的车位置也不对呀，你再往里靠一靠，我不就划不到你的车了吗？”

车主一听都蒙掉了，老人挣钱不容易他是可以体谅的，但这事儿怎么从环卫大爷嘴里说出来后，咋倒过头来成了自己的不对了？

车主不想再跟老大爷纠缠，提议报警来解决。

交警来了之后认定是老人的责任，这下老人害怕了。

老人说，我没有多少钱，身上就带了200块钱，要不全给你吧。

车主不同意，最后老大爷打电话叫来了儿女，儿女赶紧拿钱给了车主，并向车主不停地道歉。

车主拿着这些钱，转手又递给了老大爷：“老爷子，本来我就不想要你的钱，但是你的态度让我很生气，倚老卖老不可取。”

说得老大爷颤颤巍巍地直点头。

当时就想给这位车主狂点赞。

很多人习惯于把自己的难处看得比天大，大到无视是非，大到耍赖撒泼，大到我弱我有理，大到无论我做了什么混账事，都会天经地义地认为全世界必须要无条件体谅自己。

而这种单项索取的体谅要求，是杀死善者的毒药。

唯有互相体谅，才是救活人心的良药。

周国平在《内在的从容》里说："每个人都睁着眼睛，但不等于每个人都在看世界。"

我们只有跟那些像我们一样都在看世界的人互相体谅，才会让彼此觉得为体谅对方所做的一切都值得。

虽然世界很讨厌，但你还是要会聊天

01

“上次忘记回复你了，我还以为自己用意念回复过了。”

这是一句实打实的客套话。

当你第一次给人发消息，对方没有回复，过段时间你又发消息，对方却回复了的时候，千万不要傻傻追问：“上次你怎么没回我啊。”

对方说以为自己用意念回复过了，说明当时在忙，或者你根本不是她心里的优先级，你提的这件事，她可以反馈，也可以不反馈，对她来说，无伤大雅。

但对你来说，**如果你有求于人，要学会装糊涂翻篇，给彼此一个台阶下。**

02

“我回去找我老婆 / 老公商量一下。”

如果你开口问朋友借钱，对方说“我回去找我老婆 / 老公商量一下”的时候，你就该知道，这件事八成是没得商量了。

不要过几个小时还真给人在微信上追问：“怎么样？你对象同意了吗？”

从一开始对方说出这样的话，就意味着**不是对象不同意，是他自己不乐意。**

对象有时候，只是个搪塞工具。

就像《何以笙箫默》里边的何以琛，同事们喝美了想换个场地接着嗨，他嘴巴上说自己要回酒店休息，不然老婆打电话到酒店发现人不在，少不得会掀起一场血雨腥风来。

事实上呢？

才不是何以琛老婆赵默笙管得严，是这个爱妻狂魔过于宠妻心甘情愿洁身自好。

03

“我来我来。”

朋友一起吃饭，“我来我来”入耳的频率极高。

但这种推推搡搡的“我来我来”，有时候只是个交际仪式。

真正诚意自己买单不想让你花钱的朋友，往往都是趁人不注意悄咪咪抓起钱包，借口起身去上个厕所的工夫就把单买了。

等你去前台结账的时候，前台跟你说已经结过了，你一脸错愕，他在一旁剔着牙嘿嘿一笑，深藏功与名。

你请他一顿饭，他总惦记地瞅准机会回请你。

你日子却不宽裕，他绝不会给你机会充大头。

真朋友都是平常看着没正形，动起真格来就一定变着法子不让你吃亏。

那些出去玩净想着自己少掏点的，有那么三两回也就没人愿意叫上他了。

04

“不打扰你了，你忙吧。”

很多人聊天不知道怎么结束对话，于是就客客气气地发来一句“不打扰你了”。

听到一句“不打扰你了”，你就应该知道，可以结束这段对话了，别一本正经地跟人说：“嗨，我不忙，再聊会儿。”

你不忙，人家忙啊。

“不打扰你了，你忙吧”=“我还有事，我要去忙了，再见”。

尤其适用于朋友之间。

社交礼仪的核心便是点到为止。

看破还说破的人，遭人防。

看不破还说破的人，遭人厌。

05

“你还不困吗？”

异地恋情侣之间，经常隔空畅聊到深夜。

如果男孩子回消息的速度越来越慢，最后甚至发起了温柔的灵魂一问“你还不困吗”？

这个时候你千万别以为他是在关心你熬夜熬太晚第二天长痘痘。

真相是——他实在是扛不住了——他现在困得要死，就等你发出特赦信号了。

这时候，你可以撒个娇意思意思给他个竿儿让他爬下去跪安了。

如果你偏要说自己不困，还要兴致勃勃地跟对方大战三百回合，那最终的结果只能是，你满心期待地举着手机嗨着，对方早已沉睡如牛。

少不了第二天一早，一个诚惶诚恐地道歉，一个满心不悦地质疑。

时间久了，就变成了，一个觉得对方特事儿，一个觉得对方根本不爱我。

情侣之间，再如胶似漆，也讲究相互体谅，适当包容。

谈恋爱，可以作，可以要求，可以气鼓鼓，但都要有度，更要有事先明白爱情永远不会像你想象中那么完美的心理准备。

就像《霸王别姬》里说的："一个人，有时候得学会自个儿成全自个儿。"

06

"在吗？"

很久不联系的普通朋友突然"在吗"，基本都是突然有求于你，想要空手套"帮忙"，又不太好意思上来就直接说事儿。

很久不联系的陈年老同学突然"在吗"，八成是她突然要结婚了，广撒网求随个份子，有枣没枣打一杆。

前任突然"在吗"，往往不是因为他想你了，而是因为，他喜新厌旧朝三暮四的老毛病又犯了，祸害着一个还馋着另一个的身子，曾经是受害者的你，不要因为求胜欲，给了这种渣男二次侮辱你的机会。

暧昧不清的暗恋对象突然发给你"在吗"，不是他寂寞了，就是他被你点着了。

“在吗”多数时候是个坑，交情不到位，你就权当自个“不在”，只有那些你真正在乎的人，才配得起你一句秒回的“怎么了”。

不是成人世界太冷血。

不是像筷子兄弟在《老男孩》里唱的那般：青春如同奔流的江河，一去不回来不及道别，只剩下麻木的我没有了当年的热血……

而是漫漫人生路无形中为我们一点点做了最好的筛选。

我们的时间与耐心，善意与不忍，要留给值得的事和重要的人。

07

你要了解，成年人世界的拒绝，很多时候不是不行，而是我再考虑考虑。

你要懂得，你没有得到正面回答，不是对方没听见，而是对方故意不想说。

你要理解，多年以后若你未娶我未嫁我们就在一起，不是偶像剧里演的兜兜转转还是你，而是他谈了一圈没找到更好的，想找你凑合一下。

成年人世界有很多残酷社交规则。

听不懂，被人嫌弃了自己都不知道。

听懂了，常常让自己成为了人前体面人后默默舔舐伤口的那一个。

太宰治说："太敏感的人会体谅到他人的痛苦，自然就无法轻易做到坦率。所谓的坦率，其实就是暴力。"

事实如此，做一个善于了解真相的人，并不是一件令人愉悦的事儿。

但至少，不是那个打着坦率旗号，到处向别人施暴。

总之，**懂得成人世界的社交规则，不是为了圆滑虚伪，而是为了抵达知世故而不世故的纯良与天真。**

风里雨里做个“怪人”

01

上周末的时候，读书会邀请了一个小众画家。

一身素净、坐姿端正，他在现场说话的声音极低，大多数时候只会安静地微笑，跟以往见过的很多激情澎湃的嘉宾风格，都不太一样。

据说，在参加这场读书会之前，还有一个比较大的活动方邀请过他。

但被他拒了。

他果断拒掉对方的原因是，“我不擅长一下子面对这么多人说话”。

那天我们读书会现场只坐了二十几个人，他都觉得人有点多。

手动捂脸，真是个怪人。

但我还蛮喜欢这种直接在台面上赤裸吊打虚伪人际关系的怪人的。

这些年我们更多见到的，是一些活到这种“怪人”的对立面上去的“大忙人”。

他们看上去可以很好地平衡任何一个熟悉或者不熟悉的交际场合，看到有人在扎堆聊天，可以很从容地硬挤进去随意搂着其中一个张口就是“亲爱的”。

他们买了一样昂贵的东西，第二天就会通过假装无意的方式将这个消息传播得连垃圾堆旁的流浪狗都知道。

他们但凡做了一件自以为引以为豪的事，就要抓住一切机会大肆宣扬。

这些人都在极力地想要装“大”。

而怪人，却往往在平平静静地做“小”。

这些喜欢做“小”的怪人，他们看上去不太会来事儿，他们没办法很快跟任何人熟络，他们接受不了自己因为任何原因就要去装个逼，他们得意的时候收着，失意的时候不会露出急于通过跪舔某个对自己有利用价值的人来改变人生命运的嘴脸，他们就这么“小里小气”、心态平和地一步步去做与自己的现状相称的事。

时代洪流的功利与焦躁可以裹挟一切，但唯独裹挟不了这些怪人。

这些怪人的生活状态，最让人羡慕。

02

自从搬到大理定居后，慢慢对那些职场岁月里光鲜亮丽、八面玲珑、动辄嘴里就泡发着几个亿投资的牛人，越来越提不起兴致来。

他们依然是成功人士，依然出门就坐头等舱，依然说起几个亿的项目就像是嘴里叼着两根五毛一支的榴莲棒棒糖。

但大理这个地方好玩之处就在于，一个以街头小肉串为主题攒到一块的局儿，左边可能坐着一个穷困潦倒每天想着去哪儿蹭饭的艺术家，右边坐着一位揣着上亿身家忙着修行捻珠子的隐形富人。

这些人，都是好玩的怪人。

这些好玩的怪人，穷则彻彻底底不遮掩不自卑，富则心态平和不张扬不势利。

怪人能走到一起，不再是因为你对我有用，而是毫无利益关系的单纯地彼此欣赏。

一个我特别欣赏的大叔，日常一个人深居简出，每天一大早6点起床去海边拍日出，黄昏没入海平面的时候准时爬上屋顶的观景平台去拍日落。

家门前的石板路，他主要用来跟自己的狗狗赛跑用。

闲暇时间不打牌不搓麻将不参加酒局，看到对门阿姨的花园颇有改造空间，就要上赶着给阿姨义务劳动，一锄头一锄头地在烈日下干得起劲儿。

碰上有人在肆无忌惮地发表一些过激的言论，会毫无客气地表达自己亲身体会的一些反面看法。

不是为了较劲，不是为了怼你而怼你。

不是因为你说好吃我就要说不好吃，不是因为你夸环境好我就偏要说卫生差。

就是单纯地要表达基于自己感受出发的一些看法，就是单纯地要去做一些不会变现但自己内心真正喜欢做的事。

怪人能怼到一起，不再是因为你的言论伤害了我的个人利益，而是因为你的不当言论污染了整个社会的视听风气。

鲁迅先生曾说：愿中国的年轻人都摆脱冷气，只是向上走，不必听自暴自弃者的话，能做事的做事，能发声的发声。有一分热，发一份光，就如萤火虫一般，也可以在黑暗中里发一点光，不必等待炬火！

这些怪人很像是鲁迅先生口中所寄望的年轻人。

而我们中的大多数，遭受过几次社会的毒打，三观被人按在地上来回摩擦，从此变得寡言而“睿智”，最终变成了很会来事儿的大多数，任由那些“装大”的虚伪世界在我们身边不停地招摇撞骗、不停地腐蚀单纯。

这样的我们被很多人喜欢，唯独被自己厌恶。

这个世界，正常人都在戴着面具跟所有人微笑着说着“早午晚都安”，只有怪人可以活得纯粹。

03

有个学妹，因为加入了学生会、广播站，还因为参加了学校各种各样的活动拿了一些奖，而被一帮整天混在寝室里打游戏的舍友孤立。

她哭唧唧跑来说，她尽力了，几乎全寝室的作业都要她帮着写，全寝室的公共课座位也是她一个人带上五本书一起占下，为了赢得她们的好感，她甚至一个人提过五个暖水瓶。

可当她忙活完这些抱起一摞书准备往自修室走的时候，还是会听到有人酸溜溜地扔过来一句："哟，又去上进啊？"

一个寝室的风气如果是游戏与逃课，那么奖学金与自修室自习的存在就成了异类。

一个环境的气味是堕落与懒惰，那么他们就会想方设法拉着你一起腐烂。

可这么大点的小孩还是不太了解，一个个体到底要如何在浑浊的群体中自如地存活，她只能整天哭丧着个脸来问我，自己不会社交该怎么办？

最后把我问毛了，就反问她，**只有跟一帮没理想的废物社交才叫社交吗？**

有时候，我们什么道理都懂，可就是没办法从现下的恶心里走出来。

因为我们不"怪"。

因为我们不“怪”，所以我们都在努力挤压个人空间，尝试与所有人成为不咸不淡的“好朋友”。

因为我们不“怪”，所以我们只能疲惫地去应付无聊而无尽的饭局，去敷衍一个又一个虚伪又恶心的个体。

而怪人们，正忙着活成余华在《在细雨中呼喊》中写的那样：“不再装模作样地拥有很多朋友，不再以耻辱为代价去换取那种表面的朋友，而是以真正的我开始独自生活。”

想想生活的真相若如此，我还是比较想做一个“怪人”呢。

愿你清澈如许，不负朝夕

01

一个姑娘，考研季临近的时候，所有人都在备战考研，她邪门了一样把所有的时间都花在写小说里。

老师怜悯她的天真，便帮她牵线了出版社的编辑老师。

三个月过去了，没有收到任何回应，她不甘心，便厚着脸皮小心翼翼地发了短消息给编辑老师，三天之后，编辑老师回消息了，说得很委婉，但她都懂。

后来班上一半的同学顺利去读研了，她望着一屋子的空床板发呆，把木板上的斑斑驳驳的虫眼仔仔细细地数了一遍，便硬着头皮凭着一点文字优势去报社参加了工作。

因为一次撤稿大换血的机缘，她的稿子上了报纸头条，正当她准备兴奋地接受赞誉的时候，一个老记者当众表示，这稿子是他写的，她一脸蒙地看向自己信任的老师，想弄明白这是什么睁着眼说瞎话的骚操作，可老师的目光分明写满了“不要计较”的规劝。

她翻出自己的长篇小说，选了三分之一的篇章试投给了一家网站，网站主编看完之后表示喜欢得要死，还说她会在这个网站上大红大紫，她高兴地开了一罐易拉罐啤酒，趴在窗前吹着海风唱着歌，只是还没等她拿到一分钱的稿费，网站出事儿了，全部人员被连窝端走，所有编辑不知去向。

周末，有个剧组要借报社办公室拍一个场景。周一来的时候，她坐在工位上，打开自己的电脑，眼睛里噙满泪水，连续几次起立坐下望向四周，因为电脑不知道被谁动过了，里边她攒的所有的写稿素材、新写的小说、全部的照片……都没了，她一再地起立坐下，是因为怀疑自己坐错了位置开错了电脑。可这台空空荡荡的电脑就这么冰冷地立在那里，赤裸裸地告诉她：嗨，姑娘，承认吧，你什么都没有了。

那天晚上姑娘一个人跑到海边，凉鞋扔在沙滩上，脚印沿着海浪翻滚的地方一路凹凸下去，她甚至怀疑世界上没有比她更不顺的倒霉蛋了。

后来想起这件事的时候，她甚至怀疑那天自己一个人在海边走了3个多小时是在意图跳海一了百了。

我跟这个姑娘挺熟的，因为我就是这个姑娘。

其实我现在过得也不是很顺。

虽然当年微不足道的小愿望如今都实现了，不但出版了书，还一口气出版了8本，但还是不停地遇到这样那样的问题，我的编辑几乎都辞职改行了，所有的事情好像都心怀不轨地别扭着你的意思来。

你设计好的人生规划，总会被突如其来的这事儿那事儿一脚掀翻。

我后来给粉丝写寄语的时候，经常会提笔写一个“万事顺遂”。

嗨，万事顺遂，怎么可能呢？

可我还是愿意写下这四个字。

我笃定人有三衰六旺，只要挺过来了，总会有那么一天、一周、一个月万事顺遂的时候吧？

可也有人感觉自己这辈子都没遇到过这样的好时候。

02

一个同事，有一天心血来潮要滑着滑板车来上班。

我们一屋子人听说了他这个决定，都觉得他莫不是疯了。

公司在三环，他租住在六环外的村儿里啊，早上公交换地铁，地铁换公交，穿过熙攘叫卖的地下桥洞，不敢浪费分毫时间在路边买早餐，紧赶慢赶狂奔完剩下的路程都得花2个半小时到公司，他说他要滑着滑板车来？那他天不亮不得起床？

别闹。

可他就是狗脾气上来，偏要闹。

第二天早上，他迟到了，全勤奖被他滑没了。

满头大汗，满脸通红，一言不发地落座到工位上，去饮水机那儿接了 杯水，接着又倒掉了——他发现热水被用完了，常温水还没烧开。

清了清嗓子，温温柔柔地打了一通推销电话，还没等他介绍产品，隔着一条走廊就听到了话筒里骂骂咧咧的声音。

他惨白着脸，紧张兮兮地望向四周，大家立马心照不宣地把目光收回到各自的电脑前，假装什么都没看见，也什么都没听见。

之后，传来了天崩地裂的哭声。

大家蒙了。

有人劝，嗨，哥们儿，不至于，咱做销售的可不都有个遭人白眼的时候嘛，你这也不是第一次了，哭啥？

有人劝，迟到就迟到了，不就是200块钱全勤奖嘛，你下次别作死骑着滑板车来就不会迟到了。

哭声戛然而止，他抬起头，努力平复着自己的心情，不是，不是因为这些。

“我已经很努力了，我已经很长时间没有顺利干成一件事儿了，我就想干成一件事给自己改改运。为了能完成骑着滑板车去公司上班这件事，我头天晚上测算了自己的滑板速度，核算了历程和用时，然后很早就洗漱睡觉了，第二天凌晨5点起床，元气满满地背着双肩包出门，我看到了日出，看到了清晨在公园里晨练的老爷子，一开始一切都挺顺的，我甚至决定以后每天都骑滑板车来公司，可快到公司的那条路上，我连着赶上了11个红灯，本来到公司的时间很富裕，到最后却变成了迟到了一分半钟。我不知道这一切是怎么变成这一步的，我不知道。”

哎，不是因为这些，其实也是因为这些。

电影《海边的曼彻斯特》里说：

“有时关不上冰箱的门，脚趾撞到了桌脚，临出门找不到想要的东西，突然忍不住掉泪。你觉得小题大做，只有我自己知道为什么。”

一瞬间的崩溃，看似是因为某个不起眼的不顺。

其实，只有我们自己知道，我们在一个不顺接着另一个不顺的倒霉路上，到底咬着牙生扛了多久。

人这一辈子，都在赶一个节奏。

一个红绿灯前没踩好节奏，后边的每一个路口就都是红灯。

03

一位做活鱼运输的司机，被湖北黄冈交警发现，2年内有上百条疲劳驾驶记录。

面对民警问询，他声泪俱下：“我运活鱼呀，跑慢了，多一分钟多死一条……”

这位司机大哥，每天凌晨往返两地的鲜鱼市场。因为车内的氧气有限，他为了减少鱼在运输过程中的死亡，经常不休息连续开车，GPS超时记录加起来有100次。

交警耐心劝说：“你肯定是一个家的顶梁柱，对家人来说，你的生命安全肯定是最重要的。有什么比安全更重要？安全才能回家呀，你要是垮了，你整个家都垮了……”

司机大哥听完，眼圈泛红，泪洒现场。

因为，他想起曾经一起跑活鱼运输的同伴，当年7月刚刚因为疲劳驾驶去世了，才30岁。

知乎上有人提问：“深夜突然情绪崩溃大哭，都是因为些什么？”

有人答，回不到过去，看不清现在，到不了未来。

我们每个人在自己的人生路上都承载着自己看不清的迷茫。

纵使难过，纵使痛苦，纵使感觉没有希望，纵使陷入诸事不顺的怪圈，纵使知道万般道理，也决然不敢停下奔跑的脚步。

诸事不顺的怪圈，就像一个情绪的黑洞，把人类悲伤的血液一滴滴吸入，然后把干涸的躯壳丢回人间，并要求他以笑示人，生如陀螺般旋转。

04

看过李佳琦直播的人都知道，他每隔一段时间都会离开直播间几分钟。

人前的理由，常是随口一句：“我要去上一下厕所。”

人人都以为，确实如此。

直到李佳琦后来自己透露出真相：“我可以憋尿4个小时，我只是找个借口去阳台上透口气。”

这个世界对于心存希望的人是严苛的。

世界的运行法则不会在看到你累到眩晕的时候，体贴地轻拍你的肩膀宣告给你放个假。

你若想喘口气，可以，自己想办法。

余秀华说：“一个能够升起月亮的身体，必然驮住了无数次日落。”

就像是被推入考场定前途命运的考生一样。

一张卷子摆在你面前，铃声一响，战斗打响。

哪怕你上来就连续遇到了三道不会做的题目，带着倒计时使命的时钟不会为任何人而停下来。你若不想满盘皆输，那你必须自己想办法去填平之前三道不会的题目带给自己的心虚黑洞。

多数人面对的现实世界处事规则就是如此：前边一件事没做好，还没来得及处理妥当，可能就有新的局面要求你继续。

你没办法按照自己的意愿把一件事处理得井井有条后再进行下一项。

人人都有可能轮流陷入一种神经病一样的局面中：一会儿元气满满我能干翻全世界，一会儿我不行了我可能彻底完了。

没有诸事顺遂的人生，在这个怪圈中你并不孤独，不要一头扎入自怜自哀怨天尤人的悲观消极中认㞞。

越是身陷黑洞、千头万绪无处下手，越是要专注当下奋力撕开喘息的口子。

莫泊桑在《人生》中写道：

“生活永远不可能像你想象的那么好，但也不会像你想象的那么遭。”

规劝一个诸事不顺的人，最大的无力感不是来自他当下的苦，而是他的不接受。

听不进任何话的人，会把一切都归结为不顺。

被自怨自艾的消极情绪左右，这才是最大的不顺。

中岛美嘉说：“在最黑暗的那段人生，是我自己把自己拉出深渊。没有那个人，我就做那个人。”

那个带你走出人生至暗时刻的人也许在路上，也许压根儿就没来。

如果没有，你就去做那个人吧。

万事顺遂。

你来人间一趟，不是为了出尽洋相

01

刚读高一的时候，我曾浑浑噩噩失去过一个要好的朋友。

她是新班级里，我唯一的旧交。

同上高中之前，她虽跟我不在一个班级，但在同一个学校同一个年级里，因为成绩相当，所以彼此都有印象。这姑娘人长得清清秀秀，性格一向也是出了名的温婉娴静。

发现她跟我分到高中学校的同一个班级里，我高兴了很久。

学生时代每到了一个新环境里，就特渴望能抓住一点熟悉的依靠好让自己不那么孤单与慌张。

就在那时候我们成了彼此的依靠。

上课坐同桌，吃饭一块儿去餐厅，寝室一块儿回，上厕所都是同频起立一起去一起回。

我一直以为我们的友情天衣无缝。

直到有一天，她来我寝室玩（她住我隔壁寝室），落下了一个小本子。

因为关系要好，所以我们之间的东西都是互相乱翻，彼此之间橡皮上用圆珠笔画上了什么图案、哪个本子用来传纸条都了如指掌，但眼前的这个小本子，我从未见过，封面是色彩很重的图腾——不像她的风格，反而像我的，又一定不是我的。

我抓起本子来准备给她送去，结果小本子很戏剧化地掉在了地上，散开的那一页上，赫然出现了我的名字。

好奇心驱使我停下来看了一下这一页到底写了些什么。

看完之后，我脸都绿了。

我清晰地记得，她在本子里写满了对我仇恨，大致的意思是，她讨厌我滔滔不绝地跟她讨论自己的作文，她厌恶我小人得志爱出风头的臭德行，她说要努力写出很好的东西，要彻底打败我，让我知道她的厉害。

我红着眼睛火速收了小本子，假装自己从未发现过任何秘密，她慌慌张张地推门而入，我努力挤出一个微笑逗她“慌什么，不就是落下一个本子嘛”，她却没有笑。

只是脸色很难堪地接过本子来就跑了——她从我撒谎失败的眼神里，已经认定了我看到了本子里的秘密。

从那以后，她终于不用再假装是我在班里最亲密的朋友，所有的行动跟我彻底切分开来，转而跟她寝室舍友黏在了一起。

我成了班里唯一一个独来独往的人。

相当一段时间内，我痛苦难耐，我想去跟她道歉，又感觉自己明明没做错什么。

高一文理还没分班，文科理科混在一起，我的总成绩被理科拖后腿拖得很惨，做个物理习题都能被自己的蠢笨气哭，但一到了语文课的作文课环节，我就开心地要使劲抱抱它，笑嘻嘻地说自己唯一好过的日子终于来了。

因为作文课开始前，老师都会在课堂上当着全班同学的面读两三个同学的作文作为范文，而我的名字就像铁打的一样，永远会出现在这两三个同学的名字之间。

那时候，我从未注意过，老师在课堂上读我作文时候，她趴在桌子上的安静。

也未留意过，我在餐厅时一厢情愿跟她聊毛姆、王尔德时，她闷头吃菜的沉默。

我只是拿着自己的嗨点，不停地向一个不喜欢这个话题的人释放、增压、刺激。

直到，把沉默变异成了仇恨。

年少时的我，骄傲地坚持认为，自己从未做错什么，明明是她太过狭隘不能容人，凭什么要我先低头，要我先道歉，要我先开口去跟她开诚布公地谈一谈?

我偏不。

直到文理分班，她去学理我去学文，直到如今没了彼此的消息，都没再跟对方说过一句话。

可笑的人类，总是在自己稍有才华的时候，会傲慢地以为自己窥见了天光。

岁月终是易逝，再看一滴不剩。

后来我终于认了一件事。

年少轻狂，有所热爱，高声阔论，本不是什么坏毛病，甚至是一种积极的人生态度。

但如果我们的**爱出风头是以无视他人或者伤害他人为前提的话，那便是愚蠢的自私与自伤**。

因为，**不够强大的人，做过几次压人一头的事，若不能大大方方向前看，终究还是被迫要用大把的时间去恢复人际关系**。

02

比狂妄爱出风头的人更容易打脸的，是水平不够还好为人师的人。

曾参加过一个在朋友家里举办的饭局，都是写作圈里的线上老相识，线下第一次见了面。

有意思的是，在现场看到了很多好玩的反差萌，那些在网上聊起来满嘴脏话的“大姐头”现实生活中自我介绍都会脸红，那些在群里总是忙得只顾得上说一句“回聊”的大忙人却在饭桌上成了挑起话题的主导。

其中一个姐姐小A是带着自己刚满1岁的小宝宝来的，说保姆今天请假回家，群主又威逼利诱不准任何人缺席，她只能咬着牙自己扛着小宝宝来露露脸。

坐她对面的另一个姐姐小B一看到孩子突然变得兴奋了起

来，恍惚了一下，猛然对上号，她是一个写育儿文的作者。

菜还没上，小B就热情洋溢地向小A妈妈挥洒了自己浩瀚的育儿知识，一开始满桌人还有给面子叫好的，到后面大家都开始沉默不说话，纷纷起身找个由头逃避灾难式倾听者的身份。

直到开饭，大家重新坐回餐桌前。

小B一脸夸张地发现，小A竟然用勺子在喂1岁的小宝宝吃饭。

她马上进行劝阻："小孩子8个月起就差不多可以锻炼他自己吃了，不要喂！我家宝宝不到1岁就开始自己吃饭了，现在可聪明了。"

小A微微一笑，说："这么大宝宝确实是可以自己吃的，只是会把地面和桌子弄得很脏。"

小B就像抓到了标准批判对象一般，我甚至听出了她话语里制裁别人的快感："那就让宝宝弄脏！不怕！不要因为怕宝宝弄脏就放弃培养孩子自主吃饭的能力！"

小A淡淡回道："要怕的。这是在别人家，不是自己家。我们宝宝在家也是自己吃，弄脏了我来打扫，但在别人家，还是少给别人添些不必要的麻烦比较好。"

小B当时的那张脸啊，像被拔了罐一样难看。

你看，有些人呐，天然就莫名地觉得自己一身的才干，走到哪儿都忍不住要压人一头才舒服。

但事实上。

出风头和出洋相其实只有一线之隔。

太过，就容易给自己找难堪。

03

一个朋友给我讲过几个伴娘的故事。

她婚礼的时候，伴娘都是大学同学，大家很早之前就约定好，结婚的时候要预定未婚的给对方当伴娘，而她成为了寝室里第一个结婚的女孩。

她家境好，本身也是明事理的人，便在寝室群里告知大家，会给全部伴娘报销往返机票，每个伴娘会有伴娘红包，并且约好了让她们提前几天到，一起去选伴娘服。

只是，几个姑娘开开心心去选衣服的时候，发生了争执。

其中一个高个子姑娘，身材挺好，试了一套两侧露腰的裙子，惊艳了在场的所有人，她便提出大家一定要选这个套系，可有人当即就表示了“再看看别的”。

这姑娘不甘心地反问：“为什么啊？你们都试试，真的很好看，反正我就最相中这套了，别的我不想穿。”

话语一出，那几个提议再看看的姑娘，也不好意思再去试别的了，但也迟迟不肯试穿她力推的露腰款，场面一度僵在那里，朋友脸色也很难看，一度不知道如何打破这尴尬的场面。

她们寝室老大笑着说：“这个款式倒是好看的，但就是颜色跟新娘的婚纱不是很搭，那天的主角是新娘，咱是绿叶，得衬好新娘子，等你结婚了，你想穿啥，我们都保证给你衬好。咱还是再去看看还有没有更合适的吧。”

大家一听，连连称是，那个想穿露腰装的女孩嘟着嘴说了声“随便”，尽管最后随了大多数人的意见，但婚礼上全程都黑着一张不开心的脸。

朋友说，她特感激她们寝室老大，因为论身材，她们老大并不比那个姑娘差，露腰的那条裙子她穿起来也肯定好看，但她之所以说色调原因建议重选，一方面是想照顾她婚礼上的视觉呈现，另一方面她是在替其他几个姑娘“遮丑”。

她们寝室里有两个女孩，是体形偏胖的，露腰装的最大号能不能穿进去是一码事，关键是硬塞塞进去了，露出来的也决然不是流畅如流星般的动人曲线，而是层层叠叠的赘肉。

那些知道在人前如何帮助别人保住颜面，能够忍住自己时刻想要出风头的欲望的人，不但有大智慧，而且有着极高的情商。

04

毛姆在《月亮与六便士》中写道：

“你要克服的是你的虚荣心，是你的炫耀欲，你要对付的是你时刻想要冲出来出风头的小聪明。”

共勉。

过平凡的生活，和不刻意的人生

生活不简单，尽量简单过

01

一个朋友突然有一天拖着一个大行李箱跑到大理来，晚上8点多钟约我去古城陪她坐会儿，一看到我就满脸兴奋地说："嗨，你猜怎么着，我终于想通了，以后我要在大理开始全新的生活，跟过去猪狗不如的疯忙日子彻底拜拜了。"

我一惊，问她："那你那高薪又离家近的工作呢？"

我之所以这么问，是因为就在2个多月前，她刚发了一个获赞无数的朋友圈，她拼了3轮的考试，才挤进了这家跨国公司，福利全且待遇一流，她当时就在朋友圈说，照这个局势下去，3年内就可以在这个城市安家了，好多认识多年的朋友第一时间送出祝福，大家都庆幸，这个聪慧漂亮却一直漂泊在各个城市租房住的姑娘，终于迎来了属于她的时代。用她自己的话来说，终于找到一份虽然事儿多，但至少钱多、离家近占了两样好处的好工作，也算幸运。

而此时眼前的她，拢了拢碎发，一脸从容地说了俩字"辞了"。

接着就开始了似曾相识地抱怨，说公司人事太复杂，加班费虽然计算得很正规，但加班的频率太高了，完全没有个人生活的时间，上星期朋友给了开心麻花的票，自己翘了班去看的，结果第二天被主管在会上点名批评，感觉很没面子，她更确定这不是自己想要的生活了，于是，周末一过，就甩着包包去辞职了。

试用期都还没过，她就确认了这不是自己想要的生活。

在这之前，她还找过比较“闲”的工作，每天喝茶混日子，只是钱拿的不多，她干了不到2个月，觉得是在浪费人生，于是意气风发地辞了。

因为每份工作都干不长，所以她没有得到过任何晋升机会，也没有体会过加薪的快感，甚至对每个工作过的公司是具体做什么的都有一点一知半解。

就在前不久，终于找到了一份符合她三年买房计划的工作，她再一次跑掉了。

“这不是我想要的生活。”她看到我皱起眉头，再一次焦虑地向我强调了她为什么要这样选择。

我问她，既然已经辞掉了工作，想好了自己要在大理做点什么了吗？

她也惊了，用一种难以置信的口气反问我：“你们来大理不就是为了去过自己想要的生活的吗？难道我来这里还是要像从前一样朝九五晚，那我为什么还要千里迢迢地来这里？”

我摇摇头，告诉她，在任何一个城市选择任何一种生活，都不一定要去朝九晚五，但你一定要有事儿可做，有喜欢的事情在忙，否则即便是这个城市是世外桃源乌托邦，你也待不长久。

她听到我这番话失望极了，发现眼前的我原来并不是她心目中那个决绝的理想主义女神。

于是那夜杯酒下肚她便没再联系我，后来一个画家朋友来大理搞画展，这个画家刚好是她特别喜欢的，于是帮她要了现场的票，打算邀请她过来一起看看。

结果她在电话那头沉默了良久，说："唉，没缘分，我已经走了。"

"走了？"我似乎意识到了这两个字什么意思，但还是忍不住重复了一下。

"嗯，没意思，蓝天白云看烦了，晒太阳晒得人都废掉了，这也不是我想要的生活。"她悻悻说道。

挂掉电话后，我突然觉得很忧伤。

有些人其实骨子里很有追求，也明白自己这辈子想要什么不想要什么，可她们一辈子都追不上自己想要的生活。

因为他们总是误以为，想要的生活就可以马上到手，想要的人生总能一步到位。

结果，**一辈子都是东一榔头西一棒子地忙着在冬日里开垦，然后在春天田地里冒出芽头的时候，早已离开。**

02

由于工作原因，我在大理采访了大约50多组从外地居家定居过来的家庭或个人。

他们当中的很大一部分，在头两年的时间里，非常热爱大理的阳光与晚霞，也曾被开放而温暖的邻里关系所打动，于是一部分人看到了另一种生活的可能性后，毅然选择了辞掉自己在一线城市优越的一切，转而留出大把的时间去专注自己想要的生活。

每天清晨去湿地公园拍完洱海上空的日出后，去本地人的菜市场里买土鸡和老奶奶自己种的有机菜，然后心满意足地做上一大桌菜，叫上几个关系不错的好朋友来家里推杯换盏、大醉起舞，之后各自散去，星光不问赶路人。

第二天起床后，如此往复。

之后的每一天，似乎也只能如此往复。

一年后，终于被厌倦感扼住了喉咙。

于是开始质疑，开始摇摆不定，这一切不是我想要的生活吗？为什么我现在却过够了这样的生活？

终于，在一个朋友圈里看到昔日同事飞伦敦参加国际交流会议的清晨，毅然打包了一个行李箱，没跟任何人告别，再一次飞回了北上广深。

若有人问起，便笑言，待在那里没钱赚的，人都待废了。

于是以前心心念念想要的诗和远方，成了一个忌讳的疤痕。

但事实果真如此吗？

其实按照我采访过的定居大理的新移民群体，他们就算离开大理再次重返自己热爱的战场，最大的原因也不是因为手头真缺钱花了。

大家离开一个地方，更普遍的原因，是接受不了生活原来是这个“鬼样子”的真相。

就像是当初被怂恿裸辞之前，他们做出辞职这个决定的原因，也是因为接受不了生活原来是三点一线没有个人空间这个鬼样子的。

其实这就是生活本来的面目，你甚至不得不承认，这竟然是你想要的生活的本来面目。

问题到底出在了哪里？

是人类喜新厌旧的鸡贼本能，还是欲壑难填的故技重演？

其实，都不是。

是我们在告别一种生活又开始一种生活的时候，太用力了。

用力到让自己都误以为，从前的一切都是活受罪的，都是不值得的。

其实不是这样的。

我们想要的生活，我们挤过的地铁，我们穿梭过的CBD，我们戴着面具斗过的奸佞小人，我们违背着内心的舒适而笑脸相迎过的淫威个体，都变成了我们身体的一部分。

你无须悲伤，无须否认，更无须剧烈地与从前的自己划清界限。

这些都是通往我们想要的生活的必经阶段，这些都是照着那个在藤椅上眯着眼睛安详睡去的躯体的星光。

只有意识到如此，你才不会在忙碌与闲适的人生中不停地去走极端，你才不会一直忙着去追逐想要的生活，却一次次败兴而归。

诗人北岛曾写过一首著名的一字诗《生活》，全诗的内容只有一个字——网。

生活的本质有时候就是如此，它没办法被一个点割裂成极度忙碌或者极度闲适的两段，它就像一张网一样，带着牵绊与枷锁，每时每刻地通达四方。

03

一个做编剧工作的朋友，在大理买了房子，但一年只能是寒暑假才能过来住上一段，平常就只能在一线城市打拼、夜以继日地奔忙。

他在大理生活的日子，常常是一半时间用来徒步、打牌、周边撒野，一半时间连个人影都看不见 。

这些连个人影都看不见的日子，被他称为闭关。

而他闭关的时间，主要就是大门不出二门不迈地窝在家里赶剧本进度。

有人会觉得，在大理这个地方，整天窝在家里不出来浪一下，那你图啥啊？这不自找憋屈嘛。

憋屈吗？

他自己大约不这么觉得。

他大可以一来大理就天天浪得家里的灶台都没开过火，他大可以把所有的工作都留在一线城市铆足劲儿一气儿干完。

可他有自己对一个城市生活方式的认识。

在一个地方生活，总要有烟火，总要有酒肉，总要有出格，总要有一个人闲坐在家里头看电视的时候，总要有自己把自己关在房间里写稿子的时候，只有事事随意，只有事事都有适合自己的节奏，生活才能叫生活。

否则，**随便拿出其中任何一样往死里过，都只是某个阶段的歇斯底里**。

那不是生活本身的面目，那是你某一刻情绪上头后的对立。

我们想要的生活，往往是要分阶段才能实现的。

生活就是一个不疾不徐、缓缓向前的过程，我们没办法通过某些决定上的大义凛然，就终结一种生活而开启另一种生活。

就像赫尔曼·黑塞在《德米安》中对坚守内心的理解一样：

对每个人而言，真正的职责只有一个：找到自我。然后在心中坚守其一生，全心全意，永不停息。所有其他的路都是不完整的，是人的逃避方式，是对大众理想的懦弱回归，是随波逐流，是对内心的恐惧。

我们想要的生活，不是随波逐流，不是反叛自我。

想要的生活，是一个坚守内心、找到自我的漫长过程，而我们一生中不同形式的努力与隐忍，都是通往理想生活的不同阶段。

所以，别太用力，也没什么好慌的。

按照自己的节奏，一步一步往前走，路的尽头便是你想要的生活，顺其自然的前方便是与你契合的诗与远方。

如果你非要着急忙慌地拿起弹弓把自己提前弹过去，结局只能是在一片花香弥漫的地方扶着腰伤不停地懊悔——我当初脑子到底有什么毛病，非要来这样一个鬼地方。

仅有一次的人生，拿出干劲来吧

01

尽管我最近更新不勤，但整个疫情期，后台收到的私信从未间断，尤其是最近，很多迷茫的高中生密集地给我发了私信，让我多少有些诧异。

诸如此类的迷茫，外在呈现方式还有很多。

但统一的内核无外乎一点：我想上进却没有动力，找不到出路只想逃，该怎么办呢？

每当遇到这样的提问，我都会非常谨慎地对待。

因为，我并不觉得是一帮心智未成熟的小孩在无病呻吟。

我了解这样的痛苦，并不仅仅是因为，我自己在读高中时，曾严丝合缝地有过跟他们同款的迷茫，更是因为，这种时不时就要跟自己兜圈子的状态，一直贯穿了读书、升学、毕业、就业、结婚、生子、中年危机乃至老去的整个一生。

所以，要摆脱这种痛苦的死循环，第一件要做的事，就是——不要逃。

因为，你逃无可逃。

人生就是一个兜兜转转、螺旋上升的过程，我们只能在每个阶段直面每个阶段的问题。

迷茫无法被一次性解决，兜圈子这事儿几乎没人可以避免。

认识到这一点，对于与自己彻底达成和解是极为重要的。

以前回高中母校做新书分享，有个鸭蛋脸扎着马尾辫的学妹已经高三了，结果还是跑来听了一会儿，十来分钟后，她就跑到门口“堵”我来了。

分享会结束后，她把我喊到一边，皱着眉头，说话的声音都是颤抖的，她上来就说自己时间很紧张，之后便含含糊糊说明白了问题所在：她从班级前十已经跌了出来，知道情势危急，但最近就是又迷茫又容易走神，各科老师都跟她谈过话，当时她觉得很燃，可回到教室后又觉得自己技不如人，做题速度也比不过自己同桌，于是又开始迷茫走神，老师讲课听不进去……完全不知道该怎么办了。

我说我刚分享自律这个话题的时候，有跟大家讨论过你说的这问题。

她一下蒙掉了，支支吾吾说，自己没听。

我当时突然明白，学妹为什么会持续性陷入迷茫的死循环里去了。

看上去，是在自觉自醒自寻出路，其实她一直在跟自己兜圈子。

老师上课在讲一道你做错的大题，你不好好听，一下课，你就拦住老师，问老师，要如何整体提高自己的数学成绩呢？

你总是在希望，通过某种一步登天的方式，一次性解决你所面临的所有难题。

你不肯逐一解决每一道题目的具体问题，只是寄望于有谁交给你一把万能钥匙一次性解开后边所有的难题。

你的问题出现在于，误认为别人学得好，做得好，是因为别人手里握着这样一把一劳永逸的万能钥匙。

而真相是，没有任何人拥有一次性解决所有问题的能力。

没有人可以对学习和工作一直保有100%的热情。

有些人之所以看上去越来越轻松，是因为，他们一直是通过一次又一次地专注某一个难题获得的成就感，来让自己获得下一次迎难而上的勇气。

而不是像你臆想的那样，有些人可以不费吹灰之力地赢取一次又一次的胜利。

《名侦探柯南》里说：“齿轮总有卡住的地方，如果勉强让它动起来，最终是要让一切都化为泡影，还是要从头来过，恢复正常，努力追回落后的部分，你只是害怕，害怕从头来过！”

02

很多人口中宣称的“眼下这一切不是我喜欢的”，其实只是在逃避解决问题。

有个实习生，工作期间因为编辑失误，把一个企业通稿贴了一半就发布到网站上去，而导致网站收到了这家企业的投诉与指责。

网站团队经过跟对方协商，最终通过补偿形式摆平了此事，同时发通告要罚款实习生200元。

实习生当晚就提出了辞职，她跟我说：“这种复制粘贴的工作，本来就不是她想要的。”

我便问她：“那想好了要去做什么了吗？”

她特有志气地说：“反正不要再做这种复制粘贴的杂活了，我之所以出错，就是因为不热爱这份工作而已。”

我被她的说法搞得哭笑不得。

其实，很多人对于做不好的工作，都习惯性地归结于自己不喜欢。

这样就可以巧妙地避开自己的问题所在，还可以假装自己水平并没有那么差。

实际上，一个连复制粘贴的工作都做得丢三落四粘贴不全的人，往往无法做好更深入更有挑战性的事情。

一部小说，你只有从头到脚完整读了下来，你才有评头论足的底气，你才有资格跟人聊聊同类小说中这部小说的地位与价值。

那些拿起一部小说，看都没看就说自己不喜欢的人，往往是因为自己压根儿不想解决一本书的厚度问题。

不要张嘴闭嘴就跟人说什么眼前这一切都不是我想要的。

任何在抵达自己想要的一切之前，都要经历一段自己不想要的时光。

想要考名牌大学，你只能放下手里的游戏拿这本啃起来有些枯燥的书。

想要得到大公司的青睐，你必须先去一些肯接纳你的小公司里去学习去镀金。

想要让女神看得起自己，你必须要在孤独时光中忍住堕落的欲望成为更好的自己。

这些让你百爪挠心，让你痛苦烦躁，让你掰着指头数日子的艰难，是人人都不喜欢但都必须要冲破的一道岁月牢笼。

冲不出来，就被留在了牢笼里头。

冲出来了，就被送入了人生轨道的上升空间。

不要跟虚无的欲望一直兜圈子，否则你一直在动，却最终只是被留在原地循环踏步的那一个。

03

只有持续解决问题，你才能到达你想要去的任何地方。

本·霍洛维茨在《创业维艰》这本书中曾用如下这句话回溯自己的创业时光："在担任CEO的八年多时间里，只有三天是顺境，剩下八年几乎全是举步维艰。"

这是创业者的真相。

要考入名校，你就是要不停地预习、背诵、记忆、思考、练习、进阶，不停地重复，不停地解决完这道难题后，再解决下一道难题，远离干扰，持续与惰性做斗争，如此往复。

这是学习者的真相。

要顶住学习能力超强的后生新人对自己职场地位的冲击，要每年主动例行体检以相信自己的身体依旧扛得住，要跟妻子再谈谈上午因为孩子教育问题而争论无果的那件事，要每天下班后第一时间冲去医院看看刚确诊癌症的老父亲……

这是中年人的真相。

每个人都有悬在头上的那把刀。

只是往下落的时候，它们在你的恐惧中，披上了分数的外衣、创业维艰的外衣、中年压力的外衣……

这就是我为什么会说，迷茫与压力，会贯穿人的一生。

在这件事上，无论你是学生，是创业者，还是一个身体发福上有老下有小活不起死不起的普通中年人，我们都一样。

人人都一样，只是为了告诉你，逃避无用，你只能接纳问题所在，并分阶段逐个去解决不同阶段的问题。

就像电影《火星救援》里说的一样：“你要么屈服，要么反抗，就是这样。你只要开始，进行计算，解决一个问题，解决下一个问题，解决下下个问题，等解决了足够的问题，你就能回家了。”

就像打游戏一样，冒险闯关是有奖励机制的，你会得到战斗经验，也会得到实实在在的装备奖励。

人生路，亦如打怪升级。

一路走来，我们的战斗力与勇气将会越来强大，我们再也不是那个一道大题就能将我们击败的弱者。

就像山本耀司说的，我们要“靠势必实现的决心认真地活着”。

我们要用行动持续解决足够多的难题，才能去到任何想去的远方。

留一点空白，给那些不确定的事

01

前几天，一家人一起去了一趟出差所在地的游乐园。

这家超级乐园最著名的，就是过山车，据说这里的过山车被称为是“过山车中的巨无霸”，2秒内提速至105千米/时，80度近乎垂直的高度加速跌落，高空“S”形扭转、侧倾……60秒冲完1公里多的轨道，再硬的汉子下来都得软。

门口排着队的小年轻们互相安慰，只要坐了这玩意儿，门票就算是值了。

朵爸从来没坐过过山车，说这项目完全不符合他谨慎、稳重的行事风范。

可这次，他凝视高空，自我说服——人到中年不能留遗憾，所以也要排队上去尝尝滋味。

车钥匙、钱包、手机……悉数掏出，甚至还象征性地留下遗言，就去排队了。

取笑他“小题大做”的大笑声还没落地，却又见他穿过长长的队伍跑回到我面前。

我惊了：“不坐了？”

朵爸羞涩一笑：“不坐了，人到中年就是要有临门退缩的勇气，我三十好几的人也不知道自己的生理状况能不能受得住，吓吐了不雅观，吓心梗了一下过去了不值当。”

为这事儿，我笑了他五六天。

其实30岁以后，发现身边像朵爸这种“贪生怕死”“坦然认㞞”的朋友越来越多。

年轻时候，三杯威士忌下肚，就敢嘶吼着走上楼顶，踩着边角失修的水泥渣子扮演少年不得志的天外飞仙，心有多大，舞台就有大。

人到中年，端枸杞杯的手愈发稳健，凡事开始讲求量力而为，心存敬畏，行有所止。

02

连续几个雨天后，路面终于干燥利落了。

于是几个朋友一起组织去一个比较小众的小镇玩，去的时候我们走得都是熟悉的老路，回来的时候一个姐姐却带我们走了一条完全没走过的一条新路。

那条新路路面的一部分还覆盖着雨天冲下来的黄泥，像是孩子沿途拉了一溜稀稀拉拉的粑粑，但由于路是新修的，绕着走依然不碍事，最最重要的是，沿路的景观太壮美了，深渊、丛林、高原湖泊、缭绕云雾……惹得我们一路三番两次地要找地方停靠下来拍大片。

有朋友笑问这个姐姐："为何现在才把自己的宝藏级收藏路线贡献出来？"

姐姐一脸严肃地说："雨天或者雨天刚结束的时候，这条路的景色再美也走不得，要停一停，哪怕找地方住几宿再走也行。"

同行的人非但没有觉得这个姐姐在小题大做，反倒是连连点头，表示同意。

因为就在我们出行前的没几天，刚看到了一则令人叹息的新闻。

2020年8月18日下午，受强降雨天气影响，云南大理州漾濞县一条路上发生了滑坡泥石流，一个近10吨重的巨石从天而降，砸在了一辆行驶的轿车上，车体严重变形，驾驶员被困车内，经过紧张营救，驾驶员被成功救出，但因为伤势过重，人还是没了。

以前，我们经常在开山区地带的高速的时候，会看到一些警示牌，要我们警惕落石，要我们警惕泥石流多发区。

那个时候，总感觉这种提醒，离我们挺遥远。

当有身边的生命活生生地逝去，人类对于生命的认识才会有了发自内心的震动。

如果当初不急着非要冒雨前行，如果当初没有执念上头一定要在几点几点前赶到什么地方，如果当初选择走了另外一条安全系数更高的路，如果珍视自己再多一点点……一切会不会走向一条截然不同的道路？

审视生命，不必非要用生命作为代价。

只是我们年轻时候对这件事并不了解。

03

早上看到一个博主拍下的一段小视频。

为了拍照摆POSE，男子两手把住高山处一块巨石的顶端，一会儿单脚踩踏石体，一会儿双脚踩踏石体，但整个人看上去都像是在刀尖上舞蹈，看得人心惊肉跳为他捏一把汗。

而旁人却很平稳地站在低处，举着手机一边拍男子，一边还能指挥“你把一只脚耷拉下来”。

只是，最后一张照片刚拍完，男子就从山上掉了下去。

这一刻，山上才响起了恐惧与懊悔的尖叫。

想起之前看到的一个故事，有关苏东坡。

苏东坡有个叫章淳的朋友。有一次，二人去芦关游览，章淳带着苏东坡进入大山深处的黑水盆地，后又乘兴来到一处有飞瀑的峭壁下，脚下是深涧，一块不足尺宽的木板便是桥了，桥对面的岩壁光滑不易作为抓手。苏东坡不敢走这独木危桥，章淳却不管不顾地冒着生命危险，爬到对面岩石上写下：“苏轼和章到此一游”。

苏东坡见状，一阵惊悚，半开玩笑地对章淳说：“有一天你会杀人!”

章淳疑惑，苏东坡答道：“能将自己的性命玩弄于股掌之上，也就会无视生命而能杀人。”

事实证明，章淳后来一朝显赫，迫害起政敌来手腕极其残暴。这对昔日好友也因政见不合而走向对立，而后来将苏轼贬到岭南的，正是当时的权臣、昔日的旧友章淳。

那些没有敬畏心的人，那些把生命当儿戏的人，往往最是冷血，最没底线。

他们没轻没重地祸害自己的同时，也有可能会拉上你。

对于那些做任何事情都冒冒失失、不计后果，一辈子都在靠侥幸心理赌完一场又一场的人生赌徒，能离多远，就离多远。

04

雨果说：“大自然是善良的慈母，也是冷酷的屠夫。”

而不懂得敬畏的人，总是要挨上屠夫这一刀，才方知这人间的万事万物孰重孰轻。

而那些跟你说一切随缘，人早晚都是要死的，所以不必拘着小心走路的人，他们从来不会在看着对面来车的那一刻，依然“随缘”地甩开胳膊迈开腿，硬去用血肉之躯跟钢盔铁甲拼个你死我活。

就像是霍金先生说的那般：

“即使是那些声称‘一切都是命中注定的，而且我们无力改变’的人，过马路时都会左右看。”

人生在世，如履薄冰。

能平平安安好好活着，不是每个人天生就应得的，而是全仰仗我们懂敬畏、知进退。

所以，少作秀，别作死。

至少，别栽在自己可控的人祸手里。

有些路，你只能一个人走

01

学弟说：“要是活在人间有快进键就好了。”

昨天他在学校餐厅排队打餐，不经意间看到一个学妹背着个淡粉色背包蹦蹦跳跳地下楼，学弟手里的餐盘一颤，追下楼后又突然停了下来，半个身子靠在楼梯栏杆的锈迹上，使劲往嘴里塞了一大口冒着热气的馒头。

噎得眼泪直流。

太像了，实在是太像她了。

可他比谁都确定，那不是她。

学弟晚上睡不着，就跟我说了开头的那句话。

失恋1年零3个月。

学弟高考发挥失常，一个轻松考顶尖大学的苗子，稀里糊涂把自己塞进了一个自个儿完全看不上的学校。

这世间最心酸，不过是书没读好，喜欢的人后来也没得到。

《廊桥遗梦》里说：

“我们每个人都活在各自的过去中，我们花一分钟去认识一个人，一个小时去喜欢一个人，一天去爱上一个人，但是呢，却要花一辈子来忘记一个人。”

深情的人类，该如何让自己在分手期过得少一点辛苦？

02

少视监，少怀念。

热恋有多美好，回忆就有多痛苦。

以前跟人讨论，分手后相当于自我凌迟的做法，就是白天假装留有尊严地拉黑了对方，暗夜里却一个人翻来覆去反复回看聊天记录。

微博、朋友圈、抖音、空间。

两个人的交往痕迹，就像是蜗牛逶迤前行的黏液，去过哪儿，玩过啥，都沾上了彼此的气息。

不敢碰对方爱吃的DQ冰激凌，不敢路过对方爱吃的餐厅，不敢透过橱窗看你俩一起玩过的陶泥店。

你却偏偏敢去一次次抚摸、视监每一条消息、每一个赞和每一次你来我往缠绵上头的互动。

你以为别人看不见，就不叫怀念。

你总骗自己说，放下，是在人潮人海中故作镇定。

而真正地放下，是需要你在无人观看的时候不再抱着跟对方有关的一切纠缠不清。

动过心，耗过青春，谁也做不到全身而退。

分手，不是跟另一个人一拍两散，它更像是在提醒我们，正在失去自己身体的一部分。

你想从这种痛苦中摆脱出来，就要适应这种残疾。

直到这种残疾感消失，像水消失于水中。

03

能好好独活，才不会被一个人的离开带走自己对生活的全部期待。

一个人贯穿了你最好的青春，然后抽离，你来的最快的反应，不是痛苦，而是迷茫。

有人爱，人间值得。

无人爱，不知道自己吃喝拉撒、东西奔忙、嬉笑怒骂，都该向何而去。

有时候，亲密关系会帮助人建立生活的信念。

攒钱，是为了跟他将来有个像样的家。

舍近求远的下班路线，是为了早一点看到他龇个大牙傻笑，然后一起穿过返回出租屋的漫漫长夜。

在烤鸭店办会员卡，在鲜芋仙攒印章，是为了实现他充值换红酒、满8换1的宏伟规划。

他在，就有一切行动的目标感。

他不在，大厦崩塌，活着的意义瞬间被抽离。

这就是为何人在失去长久陪伴过的那一个人后，第一反应会蒙的原因。

两个人努力生活的意义，被两个人说过的话、规划过的未来定义过了。

一个人突然要面对生活的时候，很容易以为没有了任何意义。

你缩在自己的世界里，时间久了，总是有一种幻觉。

幻想这个人还是会回来的。

这么多年的感情，怎么可能说分就分呢？

哭过，挽留过，对着镜子怂恿自己明天会是美好的一天过。

可第二天一早醒来，还是觉得，没了他，这人世间应该再也没有什么事情会让你开心起来了。

于是，又哭，又陷入了对方还没有离开的幻想中，周而复始。

一段时间后，你已经感受不到痛苦了。

但也感受不到快乐了。

就这么，行尸走肉，偶尔也吃点东西。

吃的什么，不清楚。

你也有好好活着的念头，但还觉得忘记一个人的过程，太反人类了。

其实，你不必忘掉一个人。

你只需要清楚，那个人一直在，只是已经不是你爱的那个人。

然后，一点一点，重建生活的秩序。

然后，一天一天，找回独活的意义。

04

走不远的感情，最忌钝刀子割肉。

年少时爱上的人，拼命靠拢，可还是靠不拢。

你觉得租来的房子，还是要置办个衣柜，衣服总是往那儿一堆，就会感觉这样的生活会没完没了，他皱着眉头，告诉你不至于这么矫情，过渡期就得有个过渡期的样子；你觉得下班后两个人一起一边吃一边聊会卸掉在单位里一天的委屈，可他总是要快点吃完钻进房间戴着耳麦战斗；你说你快30岁了这么下去就要耗不起了，他说三个月前他看好的那双鞋都没舍得买了你到底还想怎样？

一个没有安全感，一个疲于制造安全感。

一个咽下付出的委屈，一个生吞内心的焦虑。

回想起来，两个人之间好像也没什么大毛病。

可就是没走到一起。

可没在一起，并不是因为你一时的头脑发热。

你一直都知道，你只是在念起他的好的时候，一次次试图消灭自己的真实感受。

不合适的人，强拽着对方走得越远越辛苦。

感情世界里，能走得远的，是锦上添花，而不是雪中送炭。

一个人找到另外一个人，不是为了填坑。

不要总期待着有人在你最惨的时候把你拉出泥淖。

也不要魔怔一样总幻想着你有一天变更好了，那个人还会回来。

彼此幸福，也别让彼此知道。

就挺好。

抬头看月亮，捂住自己的六便士

01

越是急迫，越要提前规划。

昨天机场酒店给安排了送机，8点的那一班送机车，只拉了我一个人。

早上我调好闹铃起床吃好早餐，收拾好行李后，一看时间，距离约定出发时间还剩5分钟，司机刚好也在前台那儿候着了。

他径直走过来，笑着对我说，可以出发了："这一班车只送你一个。"

我一上车后，便告诉司机："我们时间很充裕，我把堵车时间也预留进去了，所以你可以慢慢开，安全第一。"

这本来只是自己行事习惯的一套客套话，没想到司机反应非常大，一路感慨。

原来，距离机场3公里左右周边，聚集了一大批酒店，地标的特殊性决定了这些酒店的功能就是——赶飞机，而每家酒店都配备了送机车。

说是送机车，其实就是那种改装后刷了酒店标示性车漆的小面包车，因为每天每家酒店都在流水跑线，一天没遍数的来回奔波，对车辆的损耗很大，酒店持有人往往也不舍得往里投钱买太好的车接送客人。

于是这3公里左右的路上，几乎同一时间不停地穿梭着各种浑身都是车伤的小面，风驰电掣，速度一辆比一辆快。

司机每次拉上客人，客人对他说得最多的一句话就是：“麻烦开快一点，我赶时间。”

他说碰到这种情况，司机除了提速，也不好多说什么。

但就在这短短3公里的路上，他好几次亲眼目睹了车祸现场，最严重的一次，一下来了3辆救护车，两边的人，都是血肉模糊地被抬走的。

司机说，他往回走跑空的时候，自己试过慢悠悠地跑过这段路，几乎没有堵过车，就算是开40几迈，用时也不会超过十来分钟，跟猛踩油门的开法比起来，也就差个几分钟的事儿。

可很多人，就是因为不肯提前把这几分钟规划出来，导致最后不得不用性命跟这几分钟博弈。

人这一生做每件事，都像是一次赶飞机的旅程。

所有的事情都是一环套着一环走的，没人可以保证自己绝对完美不出差错，但为了保障核心预期不受影响，我们只能提前规划好，提前预留出不顺利时的应对时间与应对精力。

如果你想好了必须要去完成这件事，那么最好的方式是把时间再提前一些。

很多时候你以为自己手忙脚乱是迫于压力，其实只是因为你没提前规划好。

凡事预则立，不预则废。

人说没规划的人生叫拼图，有规划的人生才叫蓝图，不无道理。

02

越是利益当头，越是慎重对待捷径。

有个朋友给我讲过一件事，她在一家家族企业做市场部一把手，总是会被人误会自己跟老板有亲戚关系。

因为这个岗位，实在是太——肥——了。

尤其在公司几个部门合并后，她这个岗位牢牢把持着公司全年广告投放的决定权。

都说肥水不流外人田，没人会相信，这里边的油水，大老板会平白给了“外头”的人。

朋友说，这些风言风语也不是没道理，但她为了拿到这个Offer（录用通知），确实是经历了一件让大老板下定决心任用她的核心转折事件。

这个岗位的上一任领导，就是老板的亲戚，本来老板觉得差不多他都能接受，结果被人举报到总裁办，老板派人一查后，里边的道道给老板气得当场发抖，因为里边这些七大姑八大姨的家族关系，他又不知道该怎么发作，只好既往不咎，重新招人。

这次老板就想招一个有专业水准，人品又过关的。

其实这个要求挺高的。

到嘴边的油水，没多少人能忍住不动的。

多数人的区别只是，胆大的人要咬上一大口，胆小的人舔舔上边的油水。

可朋友偏偏硬是一口没动。

试用期的第二个月，会议室里来了几拨一个付款客户端的销售和产品经理，轮番演示之后，朋友仔仔细细地把几家资质和产品硬件比对完毕，就约了一家合意的想要进一步谈谈合作意向。

结果事儿都要成了，销售悄悄往她耳边凑了凑，报了一个数，说："这是给您留的。"

朋友惊了，没想到圈内这么直接，但还是波澜不惊地反问："有这么多吗？"

对方以为朋友胃口有点大，于是报给了她一个最低的回扣数，还直嘟囔："最多只能这么多了。"

朋友点点头，说："那签吧，合同数额上，把你说的这个数直接减掉。"

对方一时没反应过来，很含蓄地向她确认是否是她说的这个意思。

于是朋友很明确地告诉对方：“我不要，你有让利的空间我也不会放过，正好就给我直接让到给到公司的价格上。”

朋友说：“得亏那次自己没被利欲熏软了脑子，因为她后来才知道，老板的家宴上有这个人。”

这个来竞标的乙方负责人，跟老板其实关系很熟，但老板在产品层面一向不喜欢别人找他走后门，但不妨碍私交好。

退一万步说，如果朋友走了那一步，人家后边拿捏你是一回事，一旦捅到了老板那里，职业生涯也就结束了，还要背上法律后果。

我们这一路，总是会纳闷儿，为什么越是在自己急用钱的时候，各种网贷电话、网贷短信找上门主动要为自己解一下“燃眉之急”？

为什么越是在自己交房贷差那么一点点的时候，一个来快钱的机会神神秘秘地送到你嘴边？

为什么越是在需要快速解决一件棘手的事件时，捷径会恰好跳出来问问我们走不走？

当然不要。

这些逻辑，只不过是你自己自甘堕落的自我安慰罢了。

这世间的捷径法则，其实并不是雪中送炭的节骨眼上刚刚好的。

而是在你心思最为活泛的时候，它最容易被你注意到。

那些可以在一夜之间腐蚀掉你人生大局的捷径，总是在你利欲熏心过不了自己这一关的时候，故意再推你一把的。

人生赛道千千万，关乎一辈子大局走向的事儿上，一定离随时导致自己折在半路上的捷径越远越好。

就像朱光潜在《朝抵抗力最大的路径走》写的那样：

“抵抗力最低的路径常是一种引诱。凡是引诱所以能成为引诱，都因为它是抵抗力最低的路径，最能迎合人的惰性。”

所以，**人生最快的捷径，还是勤快点，脚踏实地地把自己能做的事儿都一件件做到极致**。

03

越是千头百绪无暇抽身的时候，越是要停下来反思。

人在一生中获得过几次成功，得到过一定的积淀后，就特别容易产生一种这个世界离了我就不会转了的错觉。

而这种错觉，很容易把人往绝路上逼。

处在这个状态里，你会忘记每个人都有自身的局限。

处在这个状态里，你会盲目相信所有的事情都是可以通过努力来解决掉的。

处在这个状态里，你甚至会恍惚到以为自己不能面对任何一次失误。

这种状态逾越不过去，人就不可能实现眼界和格局上的进化。

人生大局，何其漫长，真正的战争，都是有舍卒保车，总是有飞象跳马，总是有先舍后取的度量与布局。

当千头百绪的事情一起向我们压下来的时候，很多人的第一反应就是，顺着所有的压力赶紧解决，赶紧忙过这一段再说。

但事实上，我们不可能把所有的事情都抓在手里。

欲成大树，莫与草争；将军有剑，不斩苍蝇。

这是人生铁律。

大局面前，但凡稍稍停下来反思一下，你就知道人应该有所为有所为不为到底是个怎样的道理。

人生大局，考验我们的往往不光是眼光，更是处变不惊、临危不惧的心理素质。

你只有在心里头反思过自己的内在布局，你才不会在外头牛鬼蛇神的花花格局面前乱了分寸。

若你在身旁，世界也可爱

01

一档综艺节目里，吴京和何猷君在狭窄的车子里聊起了各自的事业和老婆。

吴京说：“拍《战狼1》的时候没钱，到了不得不抵押掉房子的地步。”

于是老老实实跟谢楠坦白：“房子我已经抵押了，如果输就真的什么都没有了，要不要结婚，你要自己考虑一下。”

谢楠想了一下，很淡定地说：“如果不做这件事，可能你一辈子都不会开心。你要是输了，我养你。”

吴京再度提起一生中破釜沉舟那一刻时老婆的反应，一边大笑老婆“霸道总裁”式的语气像极了《喜剧之王》里的台词，一边快速拭掉眼中的湿润。

何猷君在一旁也感慨，娶对人了。

于是也自曝说，他在结婚之前就跟奚梦瑶说：“你不要以为我是那种有一张无限额度的卡的富二代。”因为他说过不会拿家里一分钱，只能自己出去打工赚钱，所以他希望奚梦瑶能陪着自己一起打拼，一起去奋斗。

没想到奚梦瑶给何猷君的回应是："没问题，你有什么需要我都帮你，我觉得你可以的。"

两个男人回忆起各自的老婆，最为难忘的，都是自己在婚前跟老婆开诚布公地谈钱时对方的反应。

再有钱的人，也会跟即将跟自己走入婚姻的人谈一次钱。

婚姻面前经得起考验的金钱观，往往不是男人肯不肯为自己的女人花钱那么简单，而是两个人事先在未来风险共担的层面能否达成一致。

02

我见过很多被毒鸡汤烧坏脑子的女孩。

拿着《他爱不爱你，就看他为你花了多少钱》诸如此类的文章，编织成自己深信不疑的套题去考考这个，考考那个。

做得到，就是爱你爱得发疯。

做不到，就是渣男。

之前在机场候机的时候，亲眼目睹了两个学生样子的情侣当场吵崩一拍两散。

女孩子穿得可可爱爱，两个人手里举着登机牌在登机口处站着聊天，突然女孩子就发作了。

吵得太大声了，把旁边举着手机正在通话的秃顶大叔吓得眼睛都红了。

女孩子说："不是说好定我最喜欢的网红餐厅了嘛，我都跟我闺密说今晚给他们直播外滩美景了，你现在又跟我说不在那儿了！我不要面子的吗？"

男孩子解释："都怪我没经验，没想到那家餐厅需要提前三天定，我提前一天打电话过去就没位了，对不起，对不起，但我换的这个餐厅环境也很好……"

女孩子一听哭腔都出来了，尖着嗓子哽咽："你别说了，这能一样吗？一个人均消费600，一个人均200，能是一个档次的吗？你一次次地欺骗我感情，每次送礼物，我都告诉你我喜欢哪个套盒了，你偏要买个单品，你说没抢到，你以为我不知道吗？你就是为了省钱！你看我们同寝室那谁谁的男朋友，哪次不是她要啥，人家男朋友就给买啥。"

可能是被女孩子当众呵斥激到了，男孩子红着脸拉着她就往边上人少的地方走。

女孩子就不管不顾地跺脚，要他不要碰她。

最后男孩子情绪也失控了，哭诉着："人家什么条件，我什么条件，人家已经工作了，程序员，拿高薪，买这些化妆品算得上什么负担！我还是学生，除了家里一个月给的那些生活费，你想要的哪一样不是我出去打零工挣的，你想来一次说走就走的旅行，我就得配合你马上订机票，订餐厅，订一切。我们谈了2年多，你自己想想你为我买过什么东西吗？你都为我做过一样能拿出来说道说道的事儿吗？”

最后男孩子不想吵了，直接撕了登机牌一个人走了。

女孩子傻在原地，哭得那叫一个伤心。

看了这么一场狗血的剧情，我竟然产生了一丝爽意。

真是，撕登机牌那一下子，除了制造了一地可回收垃圾不太值得肯定外，其他都堪称完美。

我还特怕看到小伙子突然不管不顾地跪在地上求原谅之类的剧情。

得亏没有。

总有一些被洗脑的女孩子跟我说，自己这辈子大约找不到一个把自己当女儿宠的男人了。

我总是忍不住安抚她，别灰心，还是有机会的，只不过把你当女儿的男人，你要适当记得自己有一天还是要赡养一下的。

姑娘们，谈恋爱就好好谈恋爱，一天天摔脸子那是干啥哪。

那种完全不懂得付出的渣男，你离远远的就好。

但对于那种明明事先了解对方条件还一天天试图通过疯狂盘剥对方换取一点心理平衡的姑娘，你好好摸摸自己的心口那儿，不是轨姐说你，你肯定是病了。

你以为那些婚姻幸福，整天有大把狗粮到处撒的姑娘，她们真是啥也不用干，干等着就等来的吗？

婚姻是一种格外讲究良性循环的道场。

你做了饭，我就主动刷碗。

你送了我口红，我回送你条围巾。

你在家带孩子带了一天心力交瘁，我就拒掉恋红尘酒早点回家洗娃给老婆捏脚。

不需要价值绝对对等，但需要维持一个爱有回应的平衡。

谁的失望不是点点地积攒起来的？

真想往长远走，就别自己作死。

03

之前有个姐妹跟我说，她有段时间谈了一段飘飘忽忽心里没底的恋爱就变得特别神经质，在意的东西特别多。

为什么有些姑娘拼命想要抓住仪式感？为什么有的姑娘会因为在特殊的日子没有收到礼物而崩溃到大哭？

是因为少了一支口红她的人生就不完整了，还是少了一句凌晨发来的生日快乐她就活不下去了？

都不是。

是因为她们已经不确定自己是否被爱了。

不被爱的时候，又想要拼命通过一点具体的东西去证明自己还被爱。

而最终这种歇斯底里的神经质，最终因为自己扑了空，而断了对爱情对婚姻的念想。

其实，那些在婚姻里风风雨雨走过了好多年的女人，不是不再需要烛光晚餐上的“我爱你”，也不是不再喜欢橱窗高处质感依然美妙的杀手包，而是她们太确定，在整个家遇到一个她力所能及添补的缺口时，她是完全可以毫不犹豫地暂时出让或延迟自己欲望的。

当你不会因为一支迟到的口红而质疑爱情时，你才能成为一个家庭的主心骨。

婚姻幸福的女人，永远明白婚姻里的铁律——扶持是双向的，付出是双向的，牺牲也是双向的。

有了孩子之后没钱请阿姨，那意味着牺牲是双向的，在家带娃的牺牲掉的是自己的社会价值，在外边挣钱的那个牺牲的是自己疲于奔命的时间，你们只有都承认彼此的付出，心疼彼此的不易，才不会在心情不好的时候拔刀相向。

一个人单方面努力，总是很难拉着一个家走上太远的路。

一定要两个人，都有互相体谅磨合的积极性，才能抵御枯燥、诱惑与磨掉柔软与爱意的琐碎。

总攒着失衡的心态委委屈屈地过，早晚要把日子过崩掉。

04

梅·萨藤在《独居日记》里说：

“要学会在轻淡无形，不给别人施加压力的情况下去爱一个人。很好地爱一个人需要经过漫长的时间，甚至用一生的时间才能办到——保持足够距离，拥有适宜的谦卑。”

的确如此。

一生漫长，且思且爱，一切都来得及。

不要过于用力，不要急于证明，不要鱼死网破，不要动刀动枪。

带着谦卑，带着理解，带着爱与被爱的准备，带着享受荣华富贵的舍我其谁，带着随时陪这个家东山再起的勇气，带着无论生老病死这辈子就是这个人了的傻气。

慢慢爱，一辈子很快就爱满了。